中国气候变化智库初探

朱玉洁　李　博　郝伊一◎著

内 容 简 介

本书在概述气候变化智库国际国内背景的基础上，介绍其发展历史以及发挥的作用，结合对中国气候变化智库的调查，针对筛选出的数十家气候变化智库，制定了切合实际的多指标评价因子，建立了一套运用定性评价、定量评价以及综合评价的方法予以评价，并对得到的结果进行细化展开分析，最后指出中国气候变化智库存在的问题，针对智库的未来发展，提出相应的对策建议，以期未来中国气候变化智库在各项决策中发挥智囊作用。本书可供智库相关领域的管理和科研人员使用。

图书在版编目(CIP)数据

中国气候变化智库初探 / 朱玉洁，李博，郝伊一著
. --北京 ：气象出版社，2021.1
ISBN 978-7-5029-7386-5

Ⅰ. ①中… Ⅱ. ①朱… ②李… ③郝… Ⅲ. ①气候变化-研究报告-中国 Ⅳ. ①P467

中国版本图书馆 CIP 数据核字(2021)第 026071 号

Zhongguo Qihou Bianhua Zhiku Chutan

中国气候变化智库初探

出版发行：气象出版社
地　　址：北京市海淀区中关村南大街 46 号　　**邮政编码**：100081
电　　话：010-68407112(总编室)　010-68408042(发行部)
网　　址：http://www.qxcbs.com　　**E-mail**：qxcbs@cma.gov.cn
责任编辑：张盼娟　　**终　　审**：吴晓鹏
责任校对：张硕杰　　**责任技编**：赵相宁
封面设计：地大彩印设计中心
印　　刷：北京地大彩印有限公司
开　　本：710 mm×1000 mm　1/16　　**印　　张**：10.5
字　　数：150 千字
版　　次：2021 年 1 月第 1 版　　**印　　次**：2021 年 1 月第 1 次印刷
定　　价：49.00 元

序

"亚马孙丛林里的一只蝴蝶振动了自己的翅膀，可能引发北半球一次天崩地裂的海啸"，著名气象学家洛伦兹在其"蝴蝶效应"一文中如是提出。气候变化所引发影响的普遍性、广泛性和深远性也如出一辙。在全球一体化的背景下，气候变化问题不仅是全球性的环境问题，也是全球和区域社会经济发展问题，更是一个目前各国都重视的政治问题。

气候变化此时此刻正在发生，犹如一声敲响人类文明的现实警钟，以火灾、洪水、风暴、干旱等日益增加的极端天气气候事件语言传达出强大讯息。近年来，世界气象组织也更加密切关注经济发展与气象的关系，以及全球天气气候灾害对经济社会发展的影响。与此同时，随着应对气候变化的专业性、协作性和竞争性不断深化，气候变化智库在全球兴起，成为全球气候治理的重要参与者、贡献者，是影响全球气候研究、谈判和行动的重要新兴力量。如何深化气候变化智库建设，是各国在新形势下更好参与全球气候治理的新课题。中国政府高度重视专业型智库方面的研究，2015 年 1 月发布的《关于加强中国特色新型智库建设的意见》，标志着中国特色新型智库建设上升为国家战略，中国气候变化智库在这种背景下蓬勃发展。

世界气象组织作为联合国在天气、气候、水和相关环境领域的官方权威机构，非常关注全球气候变化智库的发展。本书参考了许多世界范围内的气候变化智库研究与评价，相信可以为中国气候变化智库的发展给予启示，起到借鉴作用。总体而言，气候变化智库在中国整体处于研究较少且分散的状态，且由于气候变化影响的广泛性，许多气候变化智库的研究已经融入了较为广泛的经济社会发展智库研究之中。本书关于气候变化智库的研究与评价不仅对气候变化智库自身能力的提高起到一个导向的作用,也更加明确了气候变化智库的角色定位,有助于气候变化智库建设的发展完善。本书的出版对中国气候变化智库的整体发展具有至关重要的作用。

气候变化智库是展现中国推进可持续发展、绿色低碳转型和气候治理的坚定决心与行动的重要平台,是讲好全球气候治理的中国理念、方案和故事不可或缺的主体之一,在增进国际对话交流,提高应对气候变化谈判能力,推动建立科学合理、公平有效的全球应对气候变化机制方面都将发挥重要作用。此时,正是需要中国力量推动和引领的时候。改革开放以来,中国积极参与世界气象组织工作,在参与力度和广度上都越来越得到认可,中国气象局气象发展与规划院气候变化智库研究组在此方面也做出非常多的努力。得知《中国气候变化智库初探》准备出版,我感到非常高兴,衷心希望此书在促进气候变化智库间的协作与发展、提升气候变化智库研究与评价方法等方面,取得良好成效,更希望中国气候变化智库为国家可持续发展方略、规划和政策制定发挥科学智囊作用。

联合国世界气象组织(WMO)助理秘书长

张文建

2021 年 1 月

前言

气候变化是当今人类面临的重大全球性挑战。积极应对气候变化是中国实现可持续发展的内在要求，是加强生态文明建设、实现美丽中国目标的重要抓手，是履行负责任大国责任、推动构建人类命运共同体的重大历史担当。中国各类气候变化智库在气候变化科学与政策研究、支撑国家内政外交等方面做出了突出的贡献，但是目前力量相对分散，尚不能最大限度形成研究合力，在国家气候谈判与气候治理等工作中发挥更大效益。因此，中国气象局气象发展与规划院气候变化智库研究组从 2015 年开始，基于中国气象局软科学重点项目“中国特色气象智库体系建设有关问题研究”，开展了一系列气候变化智库调查与研究工作。此次将前期研究成果编撰成书，旨在进一步摸清中国气候变化智库的建设与发展情况，以期未来能够形成气候变化智库研究合力，提升气候变化智库对国家气候治理决策的影响力，有力支撑中国“二氧化碳排放力争于 2030 年前达到峰值，努力争取 2060 年前实现碳中和”的目标和愿景的顺利实现。

不同的研究，给予智库不同的定义。本书认为，智库是以公共政策为研究对象，以影响政府决策为研究目标，以公共利益为研究导向，以社会责任为研究准则的专业研究机构。智库发达程度是一个国家“软实力”的象征和核心部分，反映了一个国家的政治、经济、文化发展水平。本书所关注的气候变化智库，从研究内容而言包括两个方面：一是以气候变化科学事实为主要研究对象，对全球范围内气候变化的成因、影响、预测、减缓、适应等开展跨学科综合性研究的自然科学类研究机构；二是为制定国家应对气候变化政策以及参与国际气候变化谈判提供决策支撑，围绕气候外交和碳贸易等开展相关研究的社会科学类研究机构。从机构层级来讲，气候变化智库主要指具体从事气候变化研究的业务或科研部门。比如，中国气象局虽然整体上从事应对气候变化有关研究，但本书更加聚焦在其下属的国家气候中心、气象发展与规划院等具体从事气候变化自然科学或政策研究的业务科研部门。本书所关注的气候变化智库一般有实体机构，但由于一些论坛或者委员会性质的组织实质上也发挥着智库的作用，所以也将个别影响力大的这类组织列入研究智库池。

本书第1章首先介绍了国内外智库发展和评价研究的基本情况，以及全球范围内气候变化智库相关研究概况。第2章系统梳理了中国气候变化智库的概况与作用，包括国内主要气候变化智库介绍以及它们近年的研究热点。第3章立足于中国气候变化智库的现状、特点与问题，引入定量和定性两种气候变化智库评价方法，将定量评价方法命名为“机构问卷调查法”，定性评价方法命名为“专家评议法”，并通过召开专题交流会与问卷调查等形式广泛搜集智库信息。同时，为了更加快速和准确地对智库各项数据进行分析与处理，研究组开发了一个定量评价系统平台——中国气候变化智库评价系统。第4章运用上述评价系统对中国气候变化智库发展情况进行分析，并详细展示了这两种方法的评价结果与分析过程。第5章基于上述研究与分析结果，进一步思考中国气候变化智库存在的问题，提出将来如何进一步加强中国气候变化智库建设的有关对策建议。

本研究开展与书籍撰写，得到了中国气象局气象发展与规划院院长程磊和副院长廖军，气象干部培训学院副院长王志强，原发展研究中心主任、山东省气象局副局长张洪广，以及气候变化和气候变化智库研究相关领域王立波、王岳、王亦楠、王谋、方虹、孔锋、刘宇、刘学之、宋冬、范英、周彦均、郑秋红、胡爱军、姜涛、高翔、郭建新、曹明德、龚江丽、董昊、董雅红、谭显春、穆献中等多位专家（按姓氏笔画排序）的指导、支持与帮助。需要特别指出的是，后期加入研究的赵思遥博士为本书内容的丰富与完善付出了大量的劳动。本书凝聚了许多专家学者的真知灼见，在此一并表示衷心感谢！最后，感谢本书的幕后英雄，在封面设计、文字校对、文稿润色、出版安排等方面的工作使本书得以最终面世。谢谢你们！

气候变化智库研究内容十分丰富，涉及面很广，我们的工作还较为粗浅，需要进一步深化。加上研究和写作水平有限，书中难免存在一些疏漏和欠缺，恳请同行专家和学者批评指正。

著者

2021年1月

目录

第1章　绪　论

智库又称“思想库”或“智囊机构”，这个词来源于英文“Think Tank”。智库的产生，是社会分工精细化和决策科学化、民主化的结果。智库的研究队伍一般由多学科的专家学者组成，学者们依据自身学术背景为决策者处理社会、经济、科技、军事、外交等各方面问题时出谋划策，提供理论方法支持。智库作为一个国家思想创新的动力和源头，是推动科研智力转变为现实生产力的重要支撑，是国家“软实力”的象征和核心部分，是一个国家或民族最宝贵的资源。智库在国际政治舞台上扮演着越来越重要的角色，逐渐成为影响世界政治、经济和全人类未来发展的重要力量。

在改革开放的伟大创举下，现代智库建设与中国改革进程相契合，回应“时代之问”，履行“智库之责”，反映着思想变革与创新的力量。2015年，中共中央办公厅、国务院办公厅印发《关于加强中国特色新型智库建设的意见》，标志着中国特色新型智库建设上升为国家战略，中国智库发展进入崭新的阶段。在良好的政策支持、全面系统的顶层设计和各类平台的支撑鼓励下，中国智库蓬勃发展，各类特色智库、专业智库也如雨后春笋般不断涌现，一个千帆竞发的智库建设良好生态正稳步形成。

作为导引，本章首先对国内外智库发展以及智库评价体系的概况进行梳理，并在此基础上进一步对气候变化智库的特点与背景进行分析，最后指出新发展阶段关注气候变化智库研究的重要意义。

1.1 国外智库发展概况及评价报告情况

1.1.1 国外智库发展现状

国外智库思路和机构的形成与发展历程大致分为从工业革命开始到第二次世界大战前、从第二次世界大战结束到20世纪60年代、从20世纪70年代到80年代、从20世纪90年代至今四个发展时期。

第一阶段:从工业革命开始到第二次世界大战前,这是智库起源并开始发展的萌芽时期。一方面,工业革命使专业化的分工越来越细,使世界经济发展所面临的现实问题越来越复杂,公共管理者希望公共决策达到预期的效果,就不得不更多地仰仗于科学、技术、专业和理性的力量。统治者仅靠以往习惯的以一己之力反转乾坤的做法,已无法应付层出不穷的社会问题。在这样的情况下,专门为决策服务的各类咨询研究组织应运而生。另一方面,20世纪初,进步主义运动在推动美国思想解放的过程中,强化了科学精神和理性观念在社会发展中的地位,客观性与专业性的思维受到更多的重视,拥有专业技术的人才在决策中开始发挥越来越大的作用,由此美国引领了现代智库的兴起。第一次世界大战及其毁灭性影响,催生了全球第一波智库热潮。英国的皇家国际事务研究所和美国的对外关系委员会则是其中的代表。

英国被认为是欧洲智库的发源地,其不少智库及研究成果在国际上具有很高的影响力,并取得了卓越的成就。1831年成立的国防与安全研究机构以及1884年成立的英国费边社是英国较早的智库代表。美国最早的智库为卡内基国际和平基金,当时的工作主要分为三部分:一是促进国际法发展和国际争端的解决;二是研究战争的根源和影响;三是促进国际理解与合作。1916年,美国成立了专门的决策咨询、研究组织——政府研究所,也就是后来布鲁金斯学会的前身。英国也于1920年成立了政府的思想库——英国皇家国际事务研究所，这是现代思想库的起源。之后，伴随 20 世纪 20 年代末 30 年代初世界性经济危机中大量经济、社会矛盾的爆发，以及由此给政府治理带来的一系列问题的出现，西方发达国家相继成立了一批各自的思想库，其中最突出的是美国。比如著名的布鲁金斯学会和美国对外关系委员会等智库都成立于这一时期。

这些组织成立后，很快就在政府决策等方面发挥了重要的作用，并对智库初步形成产生了积极的影响。一般认为，第一次世界大战后是智库飞速发展的时期。

第二阶段：从第二次世界大战结束到 20 世纪 60 年代，这是智库实现实质性发展的时期。 1945 年之后，西方各国面临一系列政治、经济问题，同时东西方两大阵营的对峙，都对综合性、前瞻性的决策研究提出了要求，这使智库发展取得了前所未有的客观条件。20 世纪 70 年代之后，新科技革命和新技术的广泛运用，则使智库发展具备了应用现代方法、技术从事专业研究的更大可能。在这样的背景下，世界各国智库的发展如雨后春笋般不断涌现。它不仅囊括了各种交叉学科和边缘学科及其专家，专业分工的精细化和综合分析的系统化也有机地契合于一体，智库研究成果在政府决策中的作用越来越突出，政府委托性课题在智库研究中的比重也更为加大。同时，有关智库发展运行的法律制度也日渐健全，智库的行为与运作趋于制度化、规范化。

这一阶段，美国在第二次世界大战后迅速成为世界第一强国，取代了英国成为西方国家智库发展的中心。在战争期间，一大批专家学者参与到美国政府各个政策制度中，为战争的胜利做出了巨大的贡献。通过第二次世界大战，美国政府认识到，与具备更加专业背景组织的合作可以使得政策制定更加合理高效。与此同时，美国三权分立的政治制度、战争中崛起的巨大财团维护各自利益的需求，加之美国个人主义、自由主义文化传统中对权力不信任造成社会各界对社会生活的广泛关注和参与，都给智库发展提供了外在需求与必要的经费支持。冷战初期，军备竞赛、核战争阴云笼罩全球，在此背景下，通过签订合同委托研究，美国的兰德公司和赫德森研究所、英国的伦敦国际战略研究所、日本的国际问题研究所和亚洲经济研究所等智库应运而生。智库成为社会生活，特别是政治与社会管理领域不可或缺的内容。

第三阶段：从20世纪70年代到80年代，这是智库突破发展的时期。这一时期是西方国家社会发展的重要转折期。国际政治格局中两极政治的激烈战斗、日本和欧盟经济的崛起、民族解放运动在世界范围内的发展、越南战争对美国国内造成的失落心态，以及西方国家内部诸如水门事件等政治丑闻，都刺激智库发展面对极大的社会需求。美国的传统基金会、美国企业研究所、威尔逊研究中心、卡特中心、尼克松中心，英国的政策研究中心、亚当·斯密研究所、公共政策研究所和德国的经济研究所等智库都成立于这一时期，出现了新一轮智库发展热潮。在西方主要发达国家，特别是美国，智库形成了规模可观的市场。

这一阶段，西方国家智库的发展逐步突出综合性系统研究、超前性判断等特点，研究成果直接服务于政府决策和社会公众的色彩也更为鲜明；同时，智库发展逐步获得了制度化、法律化的保障，第二次世界大战之前影响智库发展的一些体制机制方面的问题基本上得到了克服。此外，在迅速发展的过程中，智库的发展还表现出一些新的特点。一是智库类型更加多样化。主要由政府出资、以研究紧迫的现实问题为主的合同型智库组织，推销政策主张、影响选民意愿和公众舆论的政治导向型智库组织，以及学术型、代言型、政党型、企业基金会型等智库组织纷纷出现，不同类型的智库在争夺话语权、关注度和资金等方面各显身手。二是智库的党派色彩日趋明显。以英国为例，第二次世界大战后较早出现的智库，除了直接服务于一些企业或特定组织以外，参与或影响决策的智库大都是相对独立的研究组织，用客观、严谨的研究成果提高决策质量并凸显自身的价值，为决策者所看重。但20世纪70年代之后，智库逐渐越来越多地具有明确的政党背景和意识形态倾向，关注的重点也转向意识形态或党派的争论。英国的这种情形,在西方主要发达国家中几无例外。三是与政治、政府运作有了更为紧密的联系。比如在美国的布鲁金斯学会中,一半左右的人具有政府工作背景,一些人更在政府中担任过要职。原布鲁金斯学会会长塔尔博特就在克林顿政府时期任职副国务卿。类似情形表明,西方智库专家出入国家政界已是司空见惯的事,而智库人员由研究者变为决策参与者,既融合了研究人员与决策层面的优势,也在政党轮替后为下台官员提供工作机会的同时,为其所在党派蓄积了人脉资源,从另一方面促进着智库的发展。

第四个阶段:从20世纪90年代至今,这是智库改革创新、实现新突破的时期。这一阶段,国际政治格局发生了重大的变化,和平与安全、全球化、经济发展等成为各个国家所面临的首要问题,各国围绕全球、地区和国家重大事务问题研究诞生了大批新型智库,全球智库快速发展,呈现繁荣之势。

这一阶段,智库发展主要呈现以下趋势:一是全球化理论不断加强,智库研究开始从对本国问题的关注转移到对全球化问题、全球共同治理等重大议题的关注上来;二是充分运用多样化手段工具,智库自身发展不仅注重形态建设和功能完善,更加注重其自身的竞争力、影响力和知名度的提升;三是在政治、经济、军事、文化、国际关系等领域抢夺话语权,从政策的论证者、解释者逐步成为政府政策制定的策划者、引领者;四是智库发展正在成为一种产业形态,一种高端的智力型的服务经济。

此外,也有学者将国外智库发展历程分为早期发展阶段(20世纪初至40年代中期)、正规化发展全球扩展阶段(20世纪40年代末至60年代末)、爆炸式发展阶段(20世纪70年代至80年代末)和深度发展阶段(20世纪90年代至今)四个发展时期。

1.1.2 国外智库评价概述

国外智库评价体系主要以多元化、多层次、多维度的评价指标为普遍标准,但鉴于世界各国智库发展背景不同,智库评价的发展状况

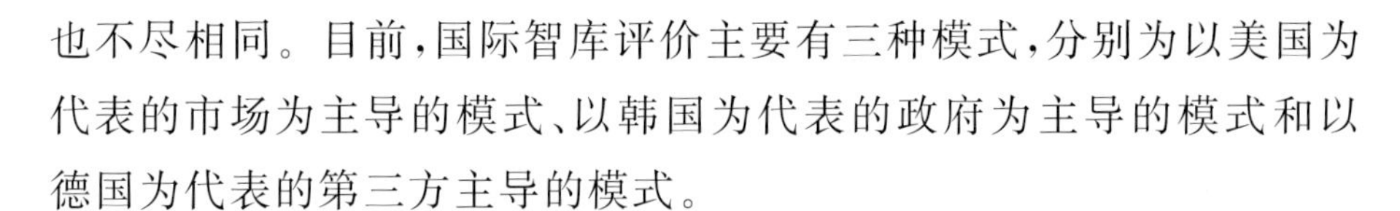

也不尽相同。目前,国际智库评价主要有三种模式,分别为以美国为代表的市场为主导的模式、以韩国为代表的政府为主导的模式和以德国为代表的第三方主导的模式。

1.1.2.1 美国智库评价模式

国外早期的智库评价主要以内部质量控制和顾客满意度评价为主,而由独立的第三方机构开展的专门智库评价实践和研究则产生较晚。真正意义的智库评价实践和研究源于美国宾夕法尼亚大学智库和公民社会研究项目(Think Tank and Civil Societies Program,简称 TTCSP)。该项目由宾夕法尼亚大学教授詹姆斯·麦甘负责。自 1989 年成立以来,TTCSP 一直专注于收集数据,并研究世界智库发展趋势及其在各国政府政策制定过程中作为公民社会行为体所发挥的作用。TTCSP 与来自世界各大智库和大学的杰出学者及从业人员通过多种方式开展合作。2007 年,TTCSP 开发并推出了全球首个智库排名《全球智库报告》,将全球最优秀的智库分类进行排名,评选世界各地区所有公共政策研究领域中的佼佼者。截至 2020 年,通过不断修订和完善,TTCSP 已连续发布 13 次《全球智库报告》,在全球产生了巨大的影响,得到了世界各国的认可,享有"智库中的智库"之美誉。该报告也成为衡量世界各国智库发展水平、竞争力和影响力的重要参考依据。

《全球智库报告》的评价指标分为综合排名标准和影响力评价指标两个部分,如表 1.1 和表 1.2 所示,整体评价流程如图 1.1 所示。以这些排名标准和评价指标为基础,来自全球的数千名国际专家学者参与智库提名,然后根据科学系统的标准,通过相对客观公正的研究方法,形成评定结果。除了数万名记者、政策制定者、公共和私人捐助者以及 TTCSP 名单上的职能和区域专家外,TTCSP 还邀请了数千名专家完成提名和排名调查。此外,TTCSP 还组织了由来自不同行业及学科背景的数百位专家组成的专家评审团对排名过程进行审核和评估。同时,TTCSP 还借助新媒体——网站和社交媒体向更广泛的受众传播有关今年指数标准的信息。2020 年 1 月 30 日,

TTCSP最新编写的《全球智库报告2019》在全球近150个城市公开发布，共列出了51个分项榜单。该报告形成过程中，TTCSP对全球智库数据库中列出的所有智库（8248个）都予以联系并鼓励其参与提名和排名过程。

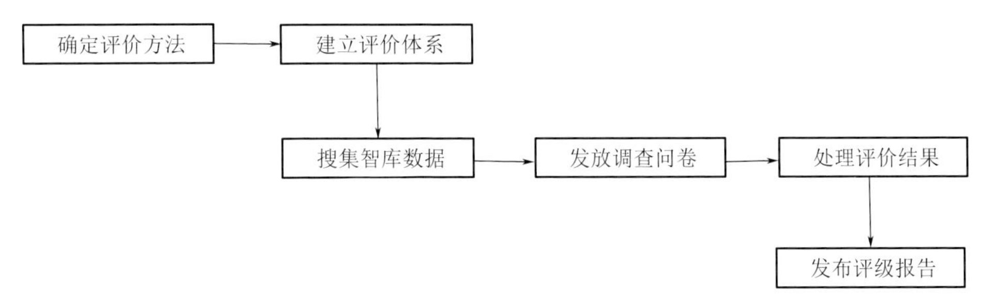

图1.1 《全球智库报告》评价流程

表1.1 《全球智库报告》的排名标准

序号	评价标准	标准说明
1	智库领导层（最高层及主管部门）的质量和责任心	有效管理智库的目标和项目。为完成目标筹措必要的资金和人力资源，并监督智库的质量、独立性和影响力
2	智库雇员的质量和声誉	能云集一大批经验丰富的高产学者和分析师。这些学者和分析师被公认为各自研究领域内初露锋芒或颇有建树的人
3	研究和分析质量与声誉	面向政策制定者、媒体和公众开展高品质、严谨、政策导向型研究
4	招募并留住精英学者和分析师的能力	
5	学术表现和声誉	其研究的学术严谨度、智库的学者和分析师的正规资质、学术出版物的数量和类型（图书、期刊、会议论文）、在学术会议及其他专业会议上发表演讲的次数、智库学者的研究成果被学术刊物引用的数量和类型

续表

序号	评价标准	标准说明
6	出版物的数量、质量和影响力	
7	智库的研究项目和成果对政策制定及其他政策行为体的影响	政策建议被政策制定者、公民社会或政策行为体加以考虑或实际采纳
8	在政策制定者心目中的信誉	在具体议题或项目上的知名度、简报和官方任命的数量,政策简报和白皮书的数量;发表的专家立法证词
9	对研究和分析独立性的承诺	在机构、研究团队和研究人员个体的监督下,为基于严密论据的研究和分析制定标准和政策;公开存在的财务、机构或个人方面的利益冲突;承诺在社会科学研究领域不持党派立场、遵从既定的专业标准
10	与重要机构的关系	有能力接触和联络包括政府官员(民选和委派官员)、公民社会、传统媒体、新媒体和学术界人士在内的关键受众和个体
11	有能力号召主要的政策行为体,并与其他智库和政策行为体建立有效的关系网和合作伙伴关系	
12	智库的整体成果	政策建议、网页访问量、简报、出版物、采访、会议、被提名出任公职的雇员
13	对研究、政策建议和其他成果的运用	能将政策简报、报告、政策建议和其他成果有效地传达给政策制定者和政策团体,供其使用;现任或历任雇员中为政策制定者或咨询委员会等对象提供咨询顾问服务的人员数量;学者因学术成就或公共服务所获奖励的数量
14	智库在公众参与、倡导工作、提供专家立法证词、学术论文或学术讲解、开展研究或教学等方面信息的有用性	

续表

序号	评价标准	标准说明
15	使用电子、印刷和新媒体等手段来交流研究成果、影响关键受众的能力	
16	媒体口碑	在媒体上露面、被采访和被引用的数量
17	使用互联网包括社会媒体工具与政策制定者、记者和公众沟通的能力	
18	网站和数字化表现	智库网站的质量、可接入性、有效维护；数字流量和参与的质量与水平（网站的质量、可接入性和导航清晰度、网站访客数、页面浏览量和浏览时间、“点赞”或粉丝的数量）
19	经费的水平、多样性和稳定性	有能力调动必要的资金以长期支持智库的运行（捐助、会员费、每年的捐款、与政府和私人合同、营利所得）
20	财力和人力的有效管理和分配	有效地管理资金和人员以实现高质量产出，达到最大影响力
21	有效地履行为智库提供资金支持（财务管理）的政府、个人、企业所提出的礼物、赠款和合同条款的能力	
22	能够产生新的知识、创新型政策建议或为政策提供多重选择	
23	弥合学术界和政策制定团体之间的鸿沟	
24	弥合政策制定者和公众之间的鸿沟	
25	在政策制定过程中注入新的话语	

续表

序号	评价标准	标准说明
26	在各类议题和政策网络中体现影响力	
27	是否能成功挑战政策制定者的传统思维并产生创新型政策观点和项目	
28	对社会的影响	智库在某一特定领域中的努力直接与社会价值的积极变化相关，比如，各国生活质量的显著变化（提供给公民的商品和服务数量、公民身心健康情况、环境质量、政治权利的质量、机构的开放程度）

表 1.2 《全球智库报告》的评价指标

序号	评价指标	指标内涵
1	资源指标	智库领导以及雇员的整体质量，招募并留住顶尖精英人才（学者和分析师）
		资金支持的水平、多样性以及稳定性
		与政府官员（选举和任命）、公民社会、传统和新媒体、学术界等对接能力
		拥有严谨、分析及时且精准的雇员；拥有质量可靠的关系网
2	效用指标	媒体报道、文献引用、网络点击、提交给立法和行政机构的专家证词的数量和质量
		官员或部门机构的政策简报、官方委任以及咨询建议
		研究分析被学术期刊或大众出版物引用的数量
		其组织的会议和研讨会的出席人员情况
3	成果指标	产生的政策建议和方案的数量与质量
		接受媒体采访的数量和质量
		出版物（图书、期刊、政策简报等）的数量和质量
		举办发布会、大型会议和研讨会的数量与质量
		被提名担任政策顾问和政府公职的人数和质量

续表

序号	评价指标	指标内涵
4	影响力指标	得到政策制定者和公民社会组织认可或采纳的政策建议数量
		在政党、竞选人、过渡团队中起到咨询作用
		对身心健康状态、环境质量、政治权利的质量等方面的影响
		对官员和政客传统思维与程式化运作的成功挑战

1.1.2.2 韩国智库评价模式

韩国智库评价是典型的以政府为主导的评价模式。这类评价模式是指由政府设立的智库评价机构开展对智库的评价工作，在亚洲国家比较常见。韩国智库以政府智库为主，由韩国经济·人文社会研究会(NRCS)统一协调管理和评估。

韩国政府十分重视智库评价工作，法律明确规定了NRCS智库评价工作的法定程序、评估制度、组织原则及评估的各项指标等。如图1.2所示，韩国智库评价机构由国会、国务总理、企划财务部、NRCS组成。NRCS负责每年对其下属智库开展定期评价工作，主要评估研究成果和经营状况两个方面，其中智库解决政府应急对策研究能力和与政府部门的协作程度等是重要评估内容。NRCS评估完成后将评价结果报送给国务总理和企划财务部：国务总理根据评价结果提出智库经营改革方案，并将评价结果报送国会，国会根据评价结果制定智库相关扶持和管理政策；企划财务部则将NRCS报送的智库评价结果作为第二年预算审查和经营改革的依据。作为智库评价工作的执行机构，NRCS设有企划评估委员会，专门负责评估计划的制定和评价结果的分析。评估分科委员会是企划评估委员会的内部常设机构，帮助理事会更好地开展智库评价工作。NCRS在评估期间成立评估基准(制度)改进组和评估团等临时组织，对上一年度评估出现的问题进行改进，根据理事会意见确定评估标准，开展评估活动。

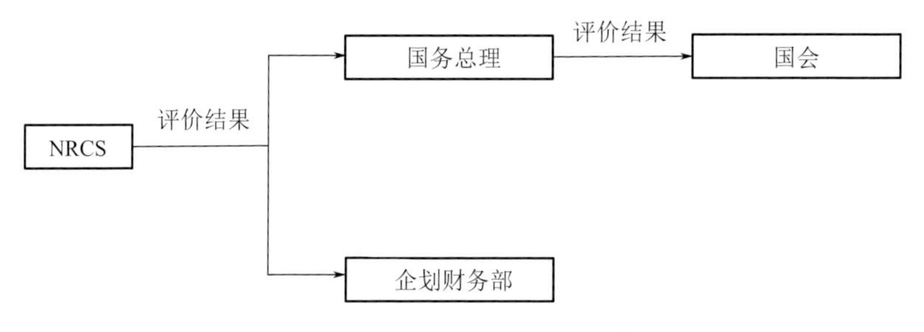

图 1.2　韩国智库评价机构体系

1.1.2.3　德国智库评价模式

德国智库评价是以第三方为主导的评价模式，主要表现为一些民间第三方机构发布的智库评价报告。与以市场为主导的评价模式不同的是，第三方机构多受政府委托，对智库开展监督和评价，为政府资助提供决策参考。德国智库的资金大部分来自于政府，受到政府资助的智库必须接受监督和评估，政府一般委托第三方机构对智库开展评价。如莱布尼茨协会是德国智库联合协会，拥有完善的评估标准体系和科学的评估流程。根据德国法律要求，政府授权莱布尼茨协会对获得国家资助的智库进行监督和评估。德国智库评价多采取同行专家评审的方式，评价体系具有评价信息公开透明、定量评估和定性评估相结合、专家评估与决策表态相分离、通过评价促进智库发展等特点。

评价信息公开透明是德国智库评价的一大特色。公共财政资金资助是德国智库的重要资金来源，资助方和公众有权了解智库的运营情况，因此绝大多数智库及评估机构的官方网站提供智库评估细则、评估组成员组成、评估报告和建议等方面信息的查询。例如，德国科学委员会官方网站“出版物”一栏提供自 1980 年至今该机构负责的智库评价详细资料查询；阿登纳基金会官方网站设有专门的“成效监督”栏目，对如何开展智库工作的成效监督进行详细介绍。

德国主要采取定性评估和定量评估相结合的原则开展智库评价工作，其中定性评估细则会根据不同的评估对象进行调整并定期更新。以莱布尼茨学会对德国全球及区域研究中心(GIGA)开展的智库评价工作为例,首先,GIGA 根据规定的格式上交书面评估材料。然后,专家委员会到访 GIGA,开展为期两天的现场评估,与智库领导和工作人员展开座谈、听取智库合作方代表意见。接着,专家委员会综合各项指标拟定专家评估报告。评估指标既包括定量指标,如合作大学数量、发表的论文、专著、横向项目资金等;也包括定性分析,如该智库下属的 4 家研究所的研究重点,与政府机构、国际组织和媒体的交流合作情况,主办杂志的学术影响力,人才培养等情况。最后,莱布尼茨理学会根据专家评估报告书做出智库评价结果的决策表态。如图 1.3 所示。

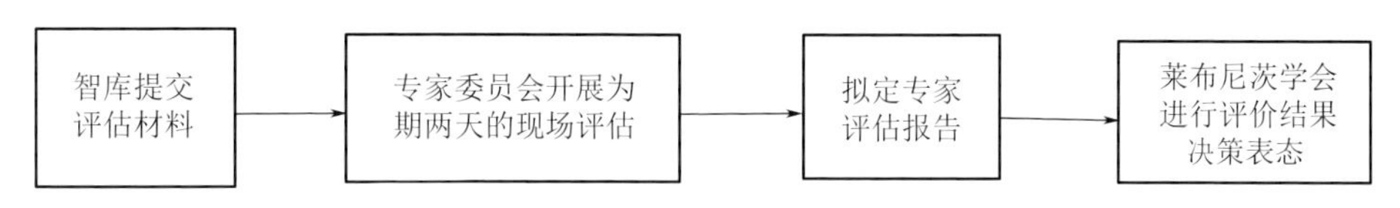

图 1.3　德国莱布尼茨学会智库评价流程

德国智库评价遵循专家评估与决策表态相分离的原则。以德国科学委员会的评价体系为例,同行专家组成的评估小组不从决策角度对智库进行评价或对其未来发展进行表态,并且在专家评估结果公布之后,不能在接下去的评估过程中对评估结果进行修改。评估委员会在专家评估报告的基础上,结合评估委托方的建议进行最终决策。智库在评估委员会决策结果公布前,若对专家评估报告有疑义,可以提交申诉报告;如果专家评估与最终决策结果相背离,则须提前进行较大力度的论证。德国不仅仅将智库评价当作是联邦财政制度要求的监督手段,更将评价作为战略决策的助推器,因此德国智库评价机构在公布评价报告的同时,会对智库的改革发展提出建议,并跟踪智库采取和实施建议的情况,使智库评价的过程成为促进智库良性发展的过程。为了强化智库评价的这一辅助性特征,阿登纳基金会评估部定期举办评估培训,可从其官方网站上获取“从评估中学习”的相关报告。

1.1.2.4 国外智库评价模式小结

促进智库发展是开展智库评价的主要目的，世界各国开展智库评价时注重与本国发展模式相适应。如：日本智库与政府的关系十分紧密，智库评价以政府为主导，对于主要开展政府决策研究的智库，政府内部人员直接参与评价，行政色彩浓厚。英国是最早采用专家评议法进行智库评价的国家，英国智库与德国智库相似，虽然有大量经费来自于政府，但是坚持自主运营、以市场为导向，为与智库群体多元化发展相适应，同时确保智库评价的独立性和客观性，因此都采取第三方为主导的评价模式。

总体而言，智库评价有助于全面了解智库运营情况，同时能够帮助智库更清晰地了解自身发展存在的问题，促进智库创新发展，而科学的智库评价体系是确保智库评价结果准确有效的前提条件。中国开展气候变化智库评价，需在借鉴国际智库评价的基础上，结合气候变化智库发展实际情况，建立符合中国气候变化智库自身发展需求的智库评价体系。

1.2 中国智库发展概况及评价报告情况

1.2.1 中国智库发展现状

一个民族的历史深刻影响着这个民族的现状和未来，中国现代智库的发展，不但要吸取其他发达国家的先进经验，更要借鉴历史上的智库发展传统。中国古代就有智库的萌芽形态，早在春秋时期就有士大夫阶层的家臣制度。在国家形态的官僚体系中，士大夫的家臣并不一定有具体的行政职位，但在士大夫家族或封邑内部，家臣往往充当重要的角色，他们为家主出谋划策，料理家主的日常生活。战国时期，出现了智库机构的雏形——稷下学宫。这一时期，士大夫阶层兴起了一股养士之风，其中最具代表性的要数战国四公子，其门客多达数千人。此后，由秦汉至隋唐逐步形成幕府制度。明清时期，伴随着科举制度的发展，幕府制度发展到鼎盛时期。众所周知的一个特色智囊团体——师爷，就是在此时发展起来的。师爷的性质与春秋时期的家臣有些相似，但其手中掌握了相当一部分官府的实权。师爷与正官的区别是，前者没有官方正式"编制"。然而，中国古代早期的智囊，以及后来制度化的幕僚，都不是严格意义上的智库。

中国现代意义上的智库建设始于改革开放前后，大致经历五个发展时期：1977—1987年，为智库体系初步建立时期；1988—1993年，为智库体系多元化发展时期；1994—2002年，为智库体系基本形成时期；2003—2012年，为智库体系转型发展时期；2013至今，为智库体系创新发展时期。

第一阶段：智库体系初步建立时期（1977—1987年），政府研究机构、党政军智库和社科院系统蓬勃发展，以1977年中国社会科学院成立为标志。改革开放初期，一方面，党和国家的各项优惠政策使人们的思想得到了空前解放；另一方面，中央制订的很多改革方案，需要大量的政策智囊和分析研究者，诸如"智囊团""思想库"和"顾问机构"来献计献策。智库的概念和思路也纷纷从发达国家引入进来。在这种情况下，中国智库的发展出现了第一波"活跃期"，首先是中国的官方智库得到了空前的发展和扩大。与此同时，民间智库开始孕育，即将破土而出。

这一时期，大量的知识分子进入国家政策部门，甚至中南海参与决策制定和咨询，推动了现代智库在政府层面的形成。这一时期建立的突出智库机构有中国社会科学院、国务院发展研究中心、中国现代国际关系研究所等。

第二阶段：智库体系多元化发展时期（1988—1993年），民间智库逐步兴起。随着改革开放的不断深入发展和社会主义市场经济的逐步确认，这一时期中国智库出现了全面展开的局面。一部分优秀人士抱着创建独立思想库的热情，从国家政策研究部门走出来，"下海"组建了中国第一批民间智库。比如，1988年3月，曹思源创办了中国第一家民办经济研究所——北京四通社会发展研究所；同年，陈子明的北京社会经济科学研究所成立（不过这两家民办研究所后来都被关闭）。1989年，马洪、李灏、陈锦华、蒋一苇、高尚全等经济学家、社会活动家和企业家自愿联合发起，创建了深圳综合开发研究院。1993年夏天，茅于轼、盛洪、张曙光创办了“天则经济研究所”。民间智库研究机构得到进一步发展。

这一时期，在“解放思想、实事求是”思想的引领下，中国的思想领域发生着深刻变化。中央制定的各项改革方案、大量的政策分析，都有研究人员作为“智囊”“顾问”的角色参与，为体制改革献计献策，政策研究方法与治策思路也逐步开始有针对性地从国外引入，专家群体为改革开放和社会主义建设提供了源源不断的智力支持。

第三阶段：智库体系基本形成时期（1994—2002年），智库体系呈现多元化发展状况，高校智库蓬勃兴起，成为中国知识分子关注国家发展的重要渠道，以北京大学经济研究中心、清华大学国情研究中心、复旦大学中国社会主义市场经济研究中心等为代表。到90年代中后期，高校智库也开始走向建制化，此前高校学者多以个体形式谋求对中国政策过程的影响，这一阶段政府为了获得高校的智力支持，依托高校力量建立了许多研究所或研究中心。高校智库在建设中秉承“与中国发展同行，与中国开放相伴，与中国改革俱进，与中国兴盛共存”的发展理念，践行“维护国家最高利益，认清国家长期发展目标，积极影响国家宏观决策”的发展宗旨，为国家决策、理论创新、教书育人和服务社会做出了贡献。党的十六大报告明确提出：“完善专家咨询制度，实行决策的论证制和责任制。”在这一阶段后期，随着政策过程中决策咨询分量的加重，智库在国家治理方面的智力引领作用也逐步显现。

这一时期，社会智库、高校智库的蓬勃兴起，彰显出中国智库体系多元化、市场化时代的到来。高校理论工作者的加入，丰富了体制内智库研究的层次性和专业性，激发了各类观点的碰撞，也使知识分子的个体发展与国家前途命运联系得更为紧密。

第四阶段：智库体系转型发展时期（2003—2012年），地方社科院明确定位为智库建设,围绕地方经济社会发展过程中遇到的紧迫和重大现实问题展开研究,提供高质量的决策咨询服务,推进决策科学化和民主化。现实压力和改革预期对决策咨询体制的组织化、规范化、法制化提出了新的要求。面对生存与发展,一些体制内的研究机构率先思考机构转型问题,实现智库意识的觉醒,明确了社会主义新智库的发展定位,开启了社会主义新智库的探索与实践。党的十七大报告强调要"发挥思想库作用",把对决策民主化、科学化的重视,提高到了决策咨询制度建设的层面。全国多地积极响应中央号召,这一阶段也成为各地决策咨询委员会成立的高峰期,从制度建设层面为确保智库专家介入公共政策制定提供了保障,有效弥补了决策者在能力、经验以及学识方面可能存在的缺陷,为深入调研搭建平台,统率地方智库建设。

这一时期,传统决策咨询研究内容逐渐发生转变,从原先的国际关系、军事外交、宏观经济等宏大主题,更多地转向与百姓生活密切相关的公共政策问题。与此同时,中国智库也逐渐意识到提升社会影响力和国际影响力对于智库建设的重要性,形成了专业风格迥异以及专家介入方式多元的智库运行新模式。

第五阶段:智库体系创新发展时期(2013 年至今),是中国特色新型智库建设的创新与发展的新阶段。党的十八大和十九大为中国特色新型智库建设指明了发展方向。

近年来,党中央、国务院已经多次强调,要建设中国特色新型智库,对建设中国特色社会智库作了全面系统的顶层设计,并出台高端智库建设办法,支持、鼓励、推动中国各类智库健康有序发展,使智库实力整体稳健上升。同时,中国智库在全球治理和多边外交中发挥着越来越重要的作用,在国际舞台上来自中国智库的声音越来越多。党的十八届三中全会报告提出,"加强中国特色新型智库建设,建立健全决策咨询制度"。2015 年 1 月,中央发布了《关于加强中国特色新型智库建设的意见》,标志着中国特色新型智库建设正式上升为国家战略。2015 年 11 月,《国家高端智库建设试点工作方案》获得批准并确定25家试点高端智库(2018年,党和国家机构改革之后,中共中央党校和国家行政学院整合组建为新的中共中央党校(国家行政学院),25家试点单位减至24家,如表1.3所示)。中国特色新型智库建设全面启动,标志着智库在政府科学民主决策方面将发挥日益重要的战略和政策问题研究与咨询作用,将促进国家决策咨询制度的不断完善。2017年,党的十九大报告再一次提出,加强中国特色新型智库建设。党的十九大对新型智库的定位有别于以往,要求智库在"建设具有强大凝聚力和引领力的社会主义意识形态,使全体人民在理想信念、价值理念、道德观念上紧紧团结在一起"的过程中,充分发挥舆论引导、社会服务的重要作用。这表明,党的十九大报告是在牢牢掌握意识形态工作领导权的语境中部署新型智库建设的,赋予了其鲜明的中国特色。

自此,国家高端智库试点工作迈出实质步伐,开始有序推进。2020年2月14日,中央全面深化改革委员会第十二次会议审议通过了《关于深入推进国家高端智库建设试点工作的意见》。会议强调,建设中国特色新型智库是党中央立足党和国家事业全局作出的重要部署,要精益求精、注重科学、讲求质量,切实提高服务决策的能力水平。继2015年确定首批25家国家高端智库建设试点单位后,中共中央宣传部于2020年3月2日宣布了5家新增国家高端智库建设试点单位,至此,全国已有29家国家高端智库建设试点单位。浙江大学区域协调发展中心和北京师范大学中国教育与社会发展研究院作为高校智库代表入选其中,具体试点单位名单尚未公布。

此外,中国智库排名在全球范围内稳健上升,在《全球智库报告2019》中,有8家智库连续两年入选全球百强智库榜单,分别是:中国现代国际关系研究院(第18名)、中国社会科学院(第38名)、中国国际问题研究院(第50名)、国务院发展研究中心(第56名)、清华-卡内基全球政策中心(第58名)、全球化智库(第76名)、北京大学国际战略研究院(第81名)、上海国际问题研究院(第96名)。

表 1.3　24 家试点高端智库

类别	机构
党中央、国务院、中央军委直属机构	国务院发展研究中心
	中国社会科学院
	中国科学院
	中国工程院
	中共中央党校(国家行政学院)①
	新华社
	军事科学院
	国防大学
	中央党史和文献研究院①
	社科院国家金融与发展实验室
主要依托大学的科研机构	社科院国家全球战略智库
	中国现代国际关系研究院
	中国宏观经济研究院②
	商务部国际贸易经济合作研究院
	北京大学国家发展研究院
	清华大学国情研究院
	人民大学国家发展与战略研究院
主要依托大学的科研机构	复旦大学中国研究院
	武汉大学国际法研究所
	中山大学粤港澳发展研究院
	上海社会科学院
	中国石油集团经济技术研究院③
依托于大型国企的智库	中国国际经济交流中心
基础较好的社会智库	综合开发研究院(中国·深圳)

① 2018 年 3 月,中共中央印发了《深化党和国家机构改革方案》,将中央党校与国家行政学院的职责整合,组建新的中央党校(国家行政学院),实行一个机构两块牌子;将中央党史研究室、中央文献研究室、中央编译局的职责整合,组建中央党史和文献研究院,作为党中央直属事业单位,但对外保留中央编译局牌子。

② 2016 年 8 月,经中央编办批复,国家发改委宏观经济研究院对外加挂并启用中国宏观经济研究院新名称。

③ 中国石油集团经济技术研究院又名中国石油经济技术研究院。

1.2.2 中国智库评价概述

中国的智库评价实践和研究开始得稍晚。早期的智库评价都涵盖在软科学研究评价中，与科研机构的评价相似，没有反映智库自身发展的特征。由于麦甘教授负责的全球智库报告邀请的评价专家主要是国外专家，因此排名靠前的中国智库绝大多数从事国际问题和世界经济研究，无法确切反映中国智库在国内政策决策和综合决策方面的影响力。为此，从 2013 年开始，上海社会科学院智库研究中心作为首创中国智库排名先河的智库评价机构，与麦甘教授合作，邀请国内智库、政府部门、媒体等单位的代表，开展多轮主观评价，通过广泛与定向发放调查问卷的方式，分别就中国智库的综合影响力、系统内影响力和专业影响力进行评价与排名，于 2014 年年初率先发布《2013 年中国智库报告——影响力排名与政策建议》，此后，连续七年发表了系列《中国智库报告——影响力排名与政策建议》。影响力是智库的核心要素，通过影响力指标可以比较客观地反映中国各家智库发展的现状。上海社科院的研究以中国智库的决策影响力、学术影响力、社会影响力、国际影响力及智库成长能力为评价标准，制定了中国智库的综合影响力排名、分项影响力排名、系统影响力排名(包括党政军智库、地方社科院智库、高校智库和民间智库)、专业影响力排名(包括经济政策、政治建设、文化建设、社会发展、生态文明、城镇化建设、国际问题)四大榜单。2020 年 5 月，上海社会科学院智库研究中心发布的《2019 年中国智库报告》，以"国家治理现代化与智库建设现代化"为主题，立足中国智库发展现状与七年来的研究经验与成果，紧密结合国家治理体系与治理能力现代化对智库建设的要求。这份延续了七年的报告，是国内最早也是期数最多的中国智库报告，评价内容更加丰富，评价科学性不断增强，构建了中国特色新型智库的评价体系，也见证了中国特色新型智库建设的发展。

中国社会科学院于 2015 年发布的《全球智库评价报告(2015)》是中国机构对世界范围内的智库首次进行研究和排名。该报告从吸引力、管理力和影响力三个维度构建智库评价框架，其中影响力的分值权重最大，其次为吸引力，分值权重最小的为管理力，并推出全球智库 100 榜单，共有 31 个国家和国际组织的智库上榜。2017 年，中国社会科学院基于 AMI 指标体系发布了《中国智库综合评价 AMI 研究报告(2017)》。该报告中“中国智库综合评价 AMI 指标体系”的设计是中国智库综合素质的集中反映，是推动中国特色新型智库发展的有益探索，将为相关部门遴选国内智库提供重要的参考依据，为国内智库产业的发展提供有益的借鉴与启示。该报告将中国智库划分为综合、专业、社会、企业四大类别，以总报告和四类智库的分报告形式全方位、多角度地勾勒出中国智库发展的全貌，对中国智库的现状做出了评价分析，总结了“四梁八柱”的建设经验，对未来新型智库的发展提出了政策建议。具体而言，该报告基于项目组收集的 2335 条含重复智库信息的外部数据进行添减、整理、统计和研究，整个数据的筛选过程经历了从外部数据、考察数据、样本智库数据到最终的参评智库数据多个步骤，并从遴选出的 531 家参评智库中评选出了 166 家进入“中国智库综合评价核心智库榜单”。

2019 年，中国社会科学院全球智库项目组以四年为周期，推出了第二轮“全球智库评价研究项目”，并于 2019 年 11 月发布了《全球智库评价研究报告(2019)》。项目组基于国际智库发展现状，有针对性地选取了美国、日本、德国等智库大国以及非洲、拉美洲等热点地区的相关数据，运用 AMI 评价指标对全球 5 个国家和 6 个地区的智库开展评价研究，着重围绕“一带一路”倡议对上述国家和地区的智库参政议政情况进行实证分析。评价结果淡化了智库排名，转而通过案例研究展示各国智库发展的规律，在总结和梳理全球智库建设经验的基础上，结合中国的实际情况，为建设中国特色新型智库提供有效建议，以推动中国智库健康发展。

中国社会科学院通过两轮全球智库评价项目的开展，在全球智库评价体系的构建以及破除智库评价唯排名论的误区中发出中国声音，介绍中国经验，传播中国理论，提升中国地位，为增强中国在智库评价领域的国际话语权和国际影响力做出了贡献。与此同时，全球智库评价研究项目在开展过程中也进一步促进了国内外智库在智库评价与智库建设方面的国际比较研究和良性交流互动，拓展了中国智库从业者和智库评价研究者的全球视野和国际思维。

2015年1月，零点国际发展研究院与中国网联合发布《2014中国智库影响力报告》，成为中国首份以客观指标数据为主进行排名的智库评价体系。该体系采用影响力标准，将评价指标分为专业影响力、政府影响力、社会影响力和国际影响力四类，并将四类客观指标结合主观指数得到最终智库分值及排名。

《中华智库影响力报告》由四川省社会科学院与中国科学院成都文献情报中心合作，从2015年开始推出。该系列报告不仅将评价对象进一步扩展到港澳台智库，而且在继续关注智库影响力的同时，将影响力的内涵重新界定为决策影响力、专业影响力、舆情影响力、社会影响力和国际影响力五个方面，对中国内地（大陆）及港澳台地区的智库进行综合评价、分项评价和分类评价。报告采用层次分析法对评价指标进行赋权，在对智库进行综合排名、分项排名和分类排名的同时，采用CiteSpace、Sci2等数据分析工具，通过知识图谱直观展示智库和智库研究人员在年度热点议题和重大活动中的实际贡献，并进一步挖掘智库的行为信息，从而为中国智库建设提供更具科学性和说服力的参考建议。2020年3月，《中华智库影响力报告（2019）》在成都发布。

2016年7月，光明日报智库研究与发布中心和南京大学智库网络影响力评价课题组共同发布了《中国智库网络影响力评价报告》，成为中国首份对智库网络影响力开展专项评价的报告。该报告首创智库网络影响力RSC雪球评价模型，用智库网络资源指标、智库网络传播能力指标和智库网络交流能力指标代表雪球在空间的三个维度。该报告认为在单维度或双维度“滚雪球”，智库网络影响力会呈现长条化或扁平化趋势，影响力会受到限制；在三个维度同时“滚雪球”，智库网络影响力才会不断增强，并在此基础上评价智库网络影响力，丰富了智库评价的方法，率先开启了国内针对专项精准评价的探索。

2018 年，浙江工业大学全球智库研究中心基于中国智库发展现状、中国特色新型智库的内涵和八个基本标准，提出了中国大学智库评价“三维（FAC）模型”和评价指标体系，即契合度（Fitness，X 维）、活跃度（Activity，Y 维）、贡献度（Contribution，Z 维）大学智库评价综合框架，发布了首份《中国大学智库发展报告（2017）》。

浙江大学信息资源分析与应用研究中心的“全球智库评价”项目组于 2017 年 12 月首度发布了《全球智库排行评价报告（2016）》。项目组采用的全球智库评价指标体系（RIPO），包括智库资源、智库影响力、智库公关形象、智库产出四大模块，是全部由客观指标组成的三级指标体系，完全基于公开数据进行定量评价。《全球智库影响力评价报告 2020》为项目组发布的第四次报告。本次报告在原来的评价基础上调整了影响力的指标权重，降低了随机性较大的“与政府及决策者关系”的权重值，使得数据获取与处理更为精准。

《清华大学智库大数据报告》是国内智库研究机构清华大学公共管理学院智库研究中心通过大数据评价方法和社交大数据资源对智库活动进行的综合性评价报告。该系列报告首次发布于 2016 年，采取每年一次的形式，截至 2019 年已完成第四次发布。2020 年，清华大学公共管理学院智库研究中心与字节跳动公共政策研究院开展的战略合作，发布了《清华大学智库大数据报告（2019 年）——今日头条版》，利用字节跳动旗下国内领先的通用信息平台今日头条数据资源，构建“清华大学智库头条指数”，包括“智库头条号指数”和“智库头条引用指数”，以观察中国智库的活动特点。该报告分析了智库在头条关键指标、分类趋势、月度趋势等方面的表现后指出：智库在今日头条上的活动存在明显的溢出效应，智库头条发文量和智库头条引文量都与其文章本身的阅读量存在正相关关系。同时，智库月度头条引用文章的时序变化与国内重大时事有密切联系。最后，该报告呈现了八个代表性机构的个案分析并展示了优秀智库名录。八个代表性机构包括中共中央党校（国家行政学院）、国务院发展研究中心、瞭望智库、中国科学技术协会、中国科学院、中国社会科学院、北京大学国家发展研究院和中国国际经济交流中心，它们在今日头条平台中具有差异化的行为特点和影响力表现。

此外，国家信息中心"一带一路"大数据中心发布的《"一带一路"大数据报告》虽然不是专项智库评价研究成果，但是该报告对"一带一路"倡议进展与成效的八大评估指标中包括了"一带一路"智库影响力指数，运用大数据技术对智库参与"一带一路"研究的实际情况及其产生的社会影响进行评估，通过测评遴选并发布了"一带一路"方面的国家级智库、地方性智库、社会智库和高校智库四大榜单，以及"一带一路"研究的著名智库和专家名单。

国内智库评价研究呈现一个多样化的状况，评价研究不断深化，不断细化。随着信息技术的发展和应用，智库正在积极拥抱新媒体发挥影响力，基于大数据等新型智库评价方法，突破了智库客观评价的技术瓶颈，通过实时跟踪舆论动态，为我们提供了对智库建设和运作的认识新角度。

1.3 气候变化智库的背景与研究概况

当前全球气候安全风险日益突出，洪涝、干旱、海平面上升等问题日趋严重，气候变化对经济社会发展造成的负面影响愈发明显，加剧了粮食供给、局部武装冲突、资源竞争等种种矛盾。全球气候灾害类型和地区分布明显不均衡，也加大了各国和各地区应对气候变化的难度，区域气候安全问题有进一步恶化的趋势。全球气候变化对地球生态和人类生存发展带来紧迫的，甚至是不可逆转的威胁，合作应对气候变化是世界各国在全人类共同利益下自觉的共同行动，但各个国家和国家利益集团间存在尖锐矛盾和复杂博弈。

气候变化智库在这种背景下应运而生。它是以气候变化为主要研究对象，对全球范围内气候变化的成因、影响、预测、减缓、适应等开展跨学科、综合性研究，为制定国家应对气候变化战略与政策以及参与国际气候变化谈判提供建议的专业研究机构。这些机构有的以自然科学研究为主，有的以社会科学研究为主，还有的面向国家适应气候变化与可持续发展的需要，开展综合和集成研究。

为全面了解和掌握全球气候变化智库的研究脉络与前沿发展情况，本节首先从 Web of Science* 核心库中以"TS＝climate change AND TS＝think tank"为检索条件，检索到有关研究文献 106 篇，时间跨度为 1995—2020 年。然后，尝试进一步厘清和追踪该研究领域的发展历程，采用 CiteSpace 可视化软件进行技术分析**，并基于 Pathfinder（探路者网络）算法、Minimum Spanning Tree（最小生成树）算法等方法对网络图谱进行修剪，同时利用聚类分析法、数据挖掘法等技术，以被引用参考文献和文献关键词为基础，通过文献共被引分析、关键词分析和国别（地区）分析，对气候变化智库研究轨迹进行追踪。具体分析如下。

1.3.1　气候变化智库研究整体情况

首先，对 106 篇文献的发表年度进行分析发现（图 1.4），气候变化智库研究最早可追溯至 1995 年，此后表现出随时间推移整体波动增长的趋势。近十年来，每年气候变化智库相关研究的论文发表数量几乎都在 5 篇以上（除 2012 年外）。图 1.5 给出了 106 篇气候变化智库研究文献的被引用情况，其中圆点代表某篇文献共被引数量情况，圆点越大代表该文献被引量越多，不同色块从深到浅代表不同年份发表的文献，红色字体标出的文献为高引文献。从多篇高引文献的发表年份分布可以看出，气候变化智库研究在 2010 年后呈现蓬

* Web of Science 是一个综合性学术信息资源数据库，收录了全球范围内自然科学、工程技术、社会科学等多个研究领域具有高影响力的超过 1 万多种学术期刊。

** CiteSpace 是美国德雷赛尔大学计算机与情报学教授陈超美采用 JAVA 技术研发的开源软件，在中英文科技论文和学位论文中有着广泛的应用，涉及人文社会科学、自然科学等领域，是建立科学知识图谱的专业化工具。

勃发展的态势,这与图 1.4 的结论是相一致的。值得注意的是,Dunlap 等在 2013 年发表的关于气候变化智库研究的文献表现出极高的引用率。

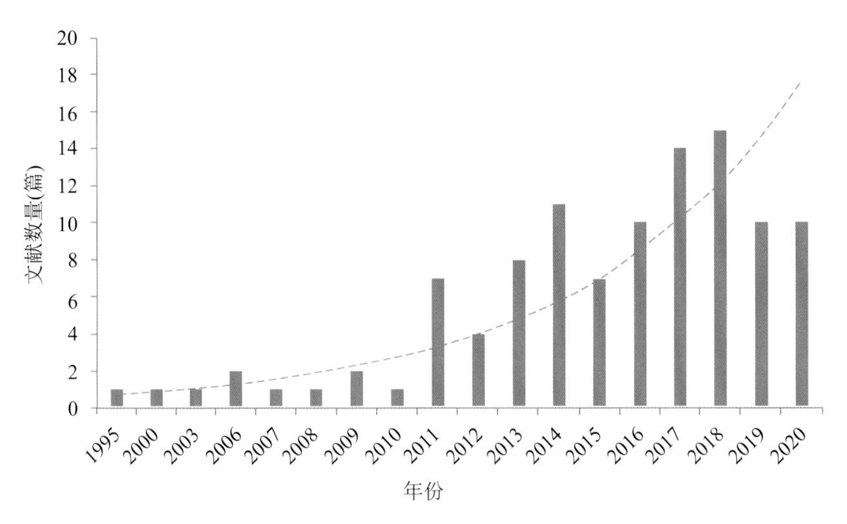

图 1.4 气候变化智库研究文献数量变化

图 1.5 共被引文献图

1.3.2 气候变化智库研究国家/地区分布

气候变化智库研究存在明显的区域差异性。由图 1.6 和表 1.4 可看出,美国在气候变化智库研究方面成果较多,共发表文章 38 篇,占比 35%左右。其次,英国对气候变化智库的研究也发表了 17 篇文章,占比约 16%。中国在气候变化智库研究方面起步虽然较部分西方国家晚,但近十年发展环境较好,研究结果已经体现出一定的影响力,在统计结果中排名第六位,共发表 7 篇文章。图 1.7 进一步给出了气候变化智库研究分布国家/地区与文章发表年限的综合结果。在绪论中曾提到,英国被认为是欧洲智库的发源地,这一点在图 1.7 中也得到了印证。英国在 1995 年发表了第一篇关于气候变化智库研究的文章。1995—2001 年,美国开始了关于气候变化智库研究的工作。中国的第一篇气候变化智库研究文章在 2009 年发表,正对应着中国智库发展的体系转型发展时期,在这一时期传统决策研究内容从军事外交等主题逐渐向民生与政策问题转型,对气候变化的研究在这一时期逐渐成为一些智库机构的研究方向。

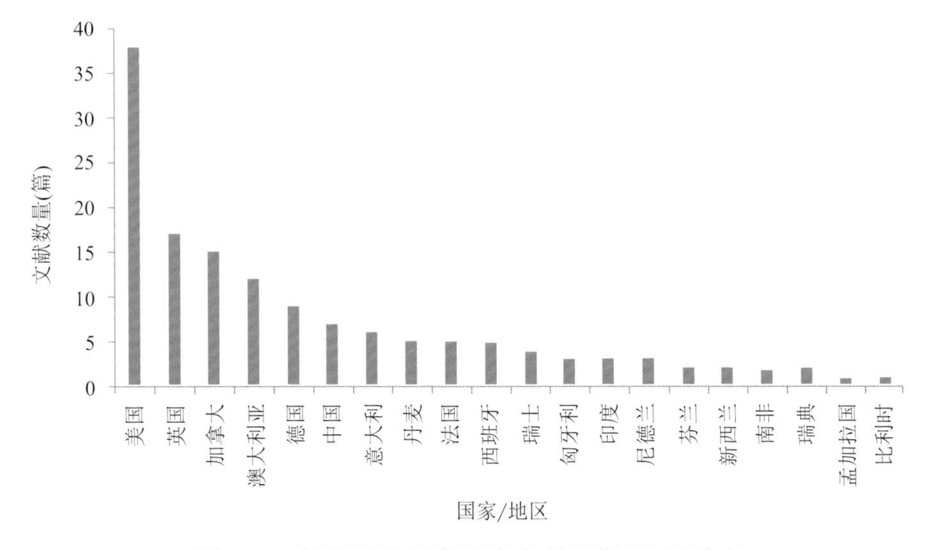

图 1.6　气候变化智库研究文献国家/地区分布

表 1.4　气候变化智库研究文献国家/地区分布及占比

国家/地区	文献数量	占比(%)
美国	38	35.849
英国	17	16.038
加拿大	15	14.151
澳大利亚	12	11.321
德国	9	8.491
中国	7	6.604
意大利	6	5.66
丹麦	5	4.717
法国	5	4.717
西班牙	5	4.717
瑞士	4	3.774
匈牙利	3	2.83
印度	3	2.83
尼德兰	3	2.83
芬兰	2	1.887
新西兰	2	1.887
南非	2	1.887
瑞典	2	1.887
孟加拉国	1	0.943
比利时	1	0.943

注:由于一篇文献的作者可能涉及多个不同国家或地区,因此,统计地区分布时会出现分地区统计后的文献总数大于实际文献总数、占比总和不为100%的情况。后文进行研究机构、学科类别、文献主题等统计时,也会出现同类情况。

1.3.3　气候变化智库研究机构与学科类别

表1.5是对106篇气候变化智库研究文献所属机构进行的统计

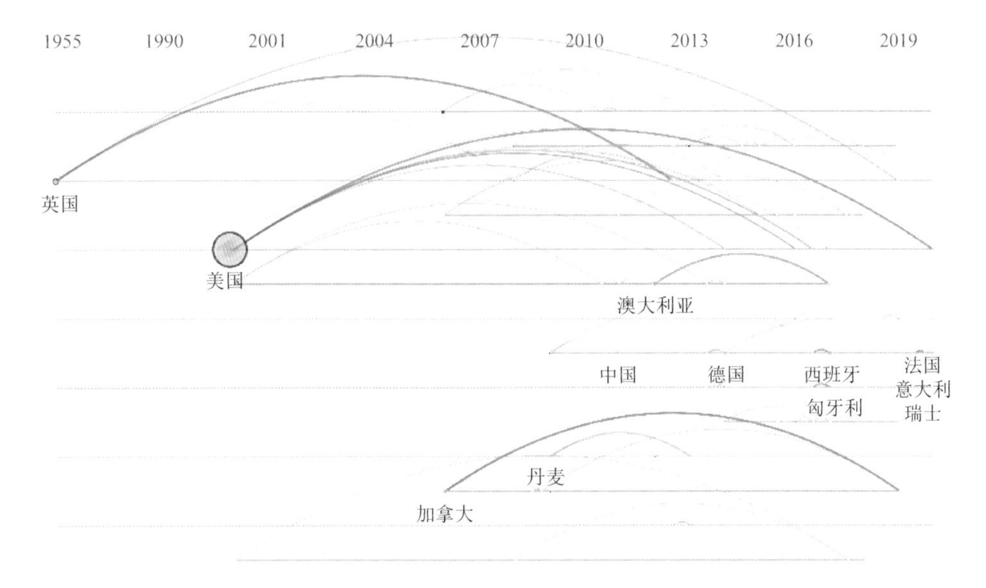

图 1.7 气候变化智库研究文献国家/地区及时间分布

分析，表中截取了排名顺位前 20 的机构（发表文章数相同的按英文首字母排序）。高校在气候变化智库研究成果发布中占很大比重，顺位前 20 的机构中，共有 15 所高校，几乎都分布在美国、英国。另外还有 1 家公司与 4 家官方机构位列前 20。这可能与高校对于科研成果的认定更偏向于论文发表有关。

表 1.5 气候变化智库研究机构

机构名称	文献数量	占比(%)
不列颠哥伦比亚大学	5	4.717
威斯康星大学	5	4.717
亥姆霍兹协会	4	3.774
俄克拉何马州立大学静水分校	4	3.774
俄克拉何马州立大学	4	3.774
苏黎世联邦理工学院	3	2.83
丹麦格陵兰地质调查局	3	2.83
哈佛大学	3	2.83
SEECONSULT 公司	3	2.83

续表

机构名称	文献数量	占比(%)
佛罗里达州立大学	3	2.83
佛罗里达中部大学	3	2.83
科罗拉多大学博尔德分校	3	2.83
科罗拉多大学	3	2.83
多伦多大学	3	2.83
瓦赫宁根大学	3	2.83
奥尔胡斯大学	2	1.887
布朗大学	2	1.887
法国地质和矿产研究局	2	1.887
澳大利亚联邦科学与工业研究组织	2	1.887
德雷塞尔大学	2	1.887

此外,气候变化智库研究中所涉及的学科及领域也是值得关注的问题。表1.6统计了106篇气候变化智库研究文献涉及的研究领域学科类别。与气候变化直接相关的环境科学、大气科学等研究占了较大比重。与政策、公共管理、传媒等社会学领域相关的文献相对较少。说明在气候变化智库研究相关领域,自然科学研究仍旧占较大比重,与社会科学相关的研究内容暂时非主流方向。

表1.6 气候变化智库研究学科类别

学科类别	文献数量(篇)
环境研究	24
环境科学	18
政策研究	14
大气科学	12
大众传媒学	8
社会学	6
绿色可持续科学技术	5
社会科学交叉学科	5

续表

学科类别	文献数量(篇)
计算机科学跨学科应用	4
教育学	4
工程环境学	4
地质学	4
地学多学科	4
水资源	4
生态学	3
酒店休闲体育旅游	3
人类学交叉学科	3
国际关系学	3
哲学	3
公共管理学	3

1.3.4　中国气候变化智库研究情况

为进一步了解国内情况，本节首先从中国知网数据库中以“主题＝智库 and 主题＝气候变化”为检索条件，检索到有关中文文献85篇，时间跨度为1995—2020年。图1.8～图1.9对这85篇文献进行了详细的主题、学科与期刊来源的分析。首先，中国气候变化智库研究涉及的主题分布较广，其中包括气候变化相关的自然科学研究，以及涉及应对气候变化、全球气候治理、气候政策相关的研究，此外还有注重智库本身特性的有关研究。其次，涉及的学科中，中国政治与国际政治、气象学、管理学、环境科学、经济体制改革这几方面占比超过七成，也说明了中国气候变化智库研究领域自然科学与社会科学交叉融合的特点。

中国在经济快速发展的同时遭受着气候变化问题所带来的负面影响，在国内，如何权衡协调经济发展与环境保护二者的关系是中国当前经济发展宏观布局中的一个难题，中国作为发展中大国，要外树

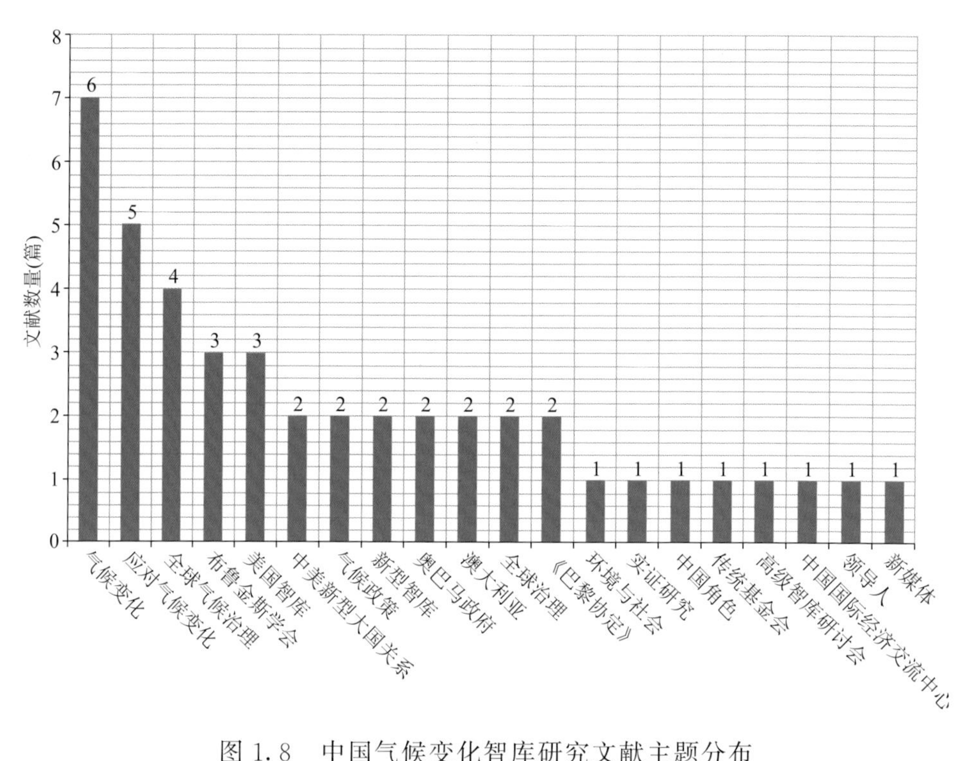

图 1.8　中国气候变化智库研究文献主题分布

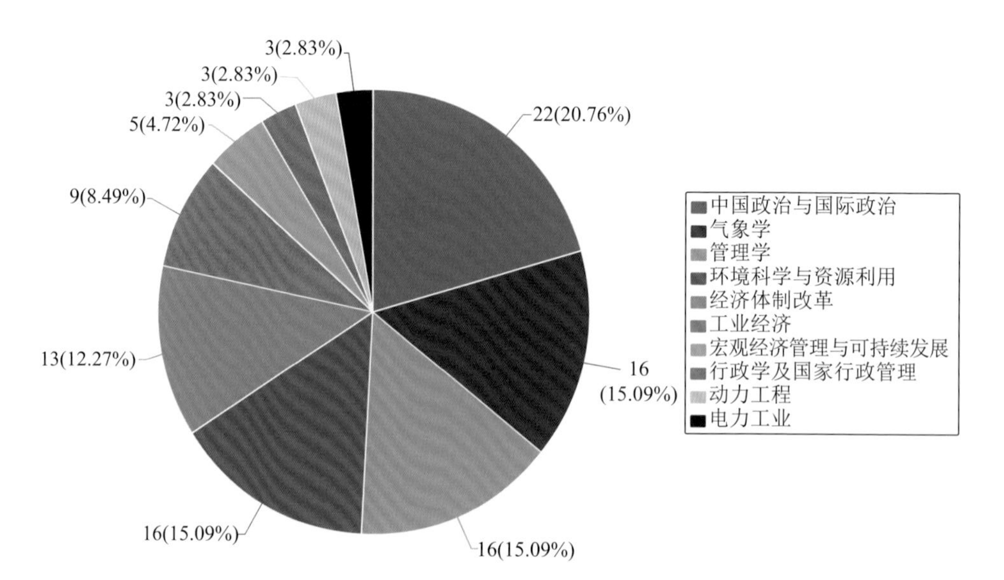

图 1.9　中国气候变化智库研究文献学科分布

形象和领导力，积极促进全球合作进程；内促发展和转型，打造国内可持续发展与应对气候变化双赢局面。而中国气候变化智库研究相对于国际先进水平尚有一定差距，在这样的背景下，大力发展专业化、多学科融合的气候变化智库迫在眉睫。

面对复杂形势和艰巨的任务，中国气候变化智库在支撑政府战略制定和行动决策方面肩负重要使命，也面临新的发展机遇，将持续发挥重要作用。党的十九大报告指出，中国要引导应对气候变化国际合作，成为全球生态文明建设的重要参与者、贡献者、引领者。2019 年 3 月 21 日，中共中央政治局委员、中宣部部长黄坤明出席国家高端智库理事会扩大会议并讲话，强调要以习近平新时代中国特色社会主义思想为指导，把握正确方向，秉持家国情怀，坚持唯实求真，着力深化重大问题研究，不断提升咨政建言能力，努力打造一批适应新时代新要求的高水平智库，在党和国家事业发展中展现更大作为。2019 年 4 月 24 日，习近平总书记在“一带一路”国际智库合作委员会成立大会致贺中强调，“一带一路”国际智库合作委员会的建立，为各国智库加强思想对话、进行决策咨询提供了重要平台。希望合作委员会深入开展学术交流，推出更多高质量研究成果，为推动共建“一带一路”走深走实、构建人类命运共同体作出贡献。2020 年 2 月 14 日，习近平总书记主持召开中央全面深化改革委员会第十二次会议并发表重要讲话。会议审议通过了《关于深入推进国家高端智库建设试点工作的意见》。习近平总书记在第七十五届联合国大会一般性辩论上向国际社会作出“碳达峰、碳中和”郑重承诺；并在气候雄心峰会上倡议，开创合作共赢的气候治理新局面，形成各尽所能的气候治理新体系，坚持绿色复苏的气候治理新思路。要积极践行新发展理念，全力服务清洁能源发展，加快推进能源生产和消费革命。这为气候变化智库明确地指出了未来一个阶段研究的总体方向，也是气候变化智库发展的又一次重大机遇。

目前，气候变化智库评价研究在中国整体处于较少、不系统且分散的状态，虽然取得了一些研究成果，但是综合评价研究的力度还不够，仅处于起步阶段，研究成果公信力不足。中国的气候变化智库研究刚刚起步，相关的研究论文、研讨会议等也是近些年才开始出现的。总体上来说，领域积淀较为薄弱，力量较为分散，粗略介绍国外经验多、立足中国国情的宣传少，迫切需要气候变化智库研究从理论和实践的角度进行深入研究和阐述，以支撑中国在全球气候治理中积极发挥引领作用，倡导合作共赢、共同发展的全球治理理念，促进公平公正的国际治理制度建设。

1.4 气候变化智库研究与评价的重要意义

气候变化智库的研究与评价不仅对气候变化智库自身能力的提高起到一个导向的作用，而且更加明确了气候变化智库的角色定位，并且有助于气候变化智库建设的发展完善，因而对于气候变化智库的整体发展具有不容小觑的作用。积极开展气候变化研究既是中国适应和减缓气候变化的必然要求，也是中国参与全球气候谈判、赢得更多发展空间和时间的现实要求。

气候变化智库的研究对国家发展具有现实的意义。随着科技进步和人类社会的发展，地球的环境与样貌正在发生着重大的变化。特别是近100年来，由于人类活动带来的温室效应的加剧所带来的全球变暖已经引发了一系列的环境问题，让人类处在危险的边缘。而水资源短缺，生态系统退化，土壤侵蚀加剧，生物多样性锐减，臭氧层耗损，大气成分改变，渔业产量下降等其他的气候变化带来的问题已经对人类敲响了警钟。新生智库往往围绕人类面临的一些重大新问题而产生，如气候变化智库。尽管中国明确提出了节能减排的目标，但是如何处理经济发展与环境保护之间的关系，努力探索符合中国国情经济发展与应对气候变化双赢的可持续发展之路，为中国制定符合本国国情的发展道路，需要气候变化智库发挥思想和参谋助手作用，整合气象、环境、经济、能源等各个领域的专家，对有关行动方案实施效果做出科学的论证、评估，为政策的实施向决策者和民众做出必要的说明和引导。

气候变化智库的研究可以推动中国实施绿色低碳能源战略。有数据表明：中国需要以更低的人均能耗实现现代化，这就是为什么中国要走“新型工业化道路”，而不能照搬其他国家的工业化道路。显然，中国的科学发展呼唤绿色、低碳能源发展道路，它的三个要素是：节能；化石能源的高效、洁净化利用；发展非化石能源。这些战略要素既绿色又低碳，是谋求经济与环境双赢的战略选择。在气候变化领域国际谈判策略和国内应对政策的制定和决策过程中，中国政府非常倚重气候变化智库的作用。中国气候谈判对案制定和谈判代表团有大量智库专家参与，发挥了重要作用。国家发展五年规划中节能降碳的指标制定和地区分解，也都吸纳了多家智库研究成果。特别是中国在《巴黎协定》下提出的国家自主贡献目标和行动计划，更是在多家智库的研究成果基础上产生的，由国家气候变化专家委员会组织论证，提出政策咨询报告，成为国家决策的重要成果支撑和科学依据。2015年巴黎气候大会前夕，中国气候变化智库和中国政府紧密配合，与美国、欧盟、印度等国家和组织的智库或技术官员开展密集的“二轨对话”，增强相互理解与互信，对促进中美气候变化联合声明和巴黎协定的达成发挥了重要促进作用。中国气候变化智库研究与政府决策紧密结合的独特优势，也为中国低碳领域的研究创造了良好环境和条件。

气候变化智库的研究可以提升应对国际气候变化的话语权与软实力，有力带动国家基础研究的进步。围绕人类生存环境的可持续性、认识和应对气候变化提出广泛而丰富的基础研究课题；在带动基础研究水平的提升方面，促进原始创新和学科交叉，支撑科学发展，引领未来，并强化中国在国际科学界的话语权，如基于大气科学的可持续地球综合模拟，地理工程学、海洋与气候学、冰雪研究的多重意义，陆地与气候的相互作用，气候变化中的生命和生态系统，创新二氧化碳捕获与利用技术等。气候变化智库的研究不仅可以提出中国特色的方案，同时可以加强与发达国家和发展中国家智库间的交流与合作,加深相互理解,倡导中国的全球治理理念,传播中国生态文明价值观,扩大中国影响力,提升话语权和软实力。

中国气候变化智库的研究必须统筹国内国际两个大局,既要在全球视野下研究中国问题,又要从中国的角度研究全球问题,对全球问题要有系统把握和发言权,处理好维护全人类共同利益和国家自身发展权益的关系,找好平衡点和契合点。中国气候变化智库的研究能够促进各国合作共赢,共同创造和分享实现可持续发展机遇的理论分析框架,研究并提出体现公平公正的国际治理机制和规则的评价准则与实施方案,探索应对气候变化与经济持续发展双赢的发展经济学理论和分析工具。气候变化智库的研究与评价有利于提高气候变化智库运行效率,把握气候变化智库发展情况,还有利于为气候变化智库建设设置一个统一的目标,有效规范气候变化智库的发展运营。

参考文献

陈国营,张杰,2019. 中外智库评价研究与排名[J]. 高教发展与评估,35(4):1-10,109.

何建坤,2017. 全球气候治理新形势下中国智库的使命[J]. 科学与管理,37(4):1-3.

胡鞍钢,2014. 建设中国特色新型智库:实践与总结[J]. 上海行政学院学报,15(2):4-11.

胡薇,2020. 问题与路径:智库评价及中国特色智库评价体系构建[J]. 重庆大学学报(社会科学版),26(6):107-116.

李凤亮,等,2016. 中国特色新型智库建设研究[M]. 北京:中国经济出版社.

澎湃新闻,2019. 智库观察|中国智库发展的四个十年[EB/OL]. [2019-03-25]. https://www.sohu.com/a/303635212_260616.

清华大学公共管理学院智库研究中心,北京字节跳动公共政策研究院,2020. 清华大学智库大数据报告(2019)——今日头条版[R].

荣婷婷,2015. 建设中国特色新型智库的五点思考[J]. 全球化(4):56-64.

单琰,2017. 中国智库能力评价研究[D]. 北京:中共中央党校.

王成,李文青,王庆九,等,2015. 生态文明背景下强化环保智库支撑功能的若干构想[J]. 科技创新导报(11):98-99.

王辉耀,苗绿,2014. 大国智库[M]. 北京:人民出版社.

王莉丽,2015. 智力资本——中国智库核心竞争力[M]. 北京:中国人民大学出版社.

王佩亨,李国强,等,2014. 海外智库——世界主要国家智库考察报告[M]. 北京:中国财政经济出版社.

王子丹,袁永,2020. 基于国际经验的科技智库评价体系建设研究[J]. 科技管理研究,2020,40(12):70-75.

薛澜,2014. 智库热的冷思考:破解中国特色智库发展之道[J]. 中国行政管理(5):6-10.

中国社会科学网,2019.《2018中国智库报告——影响力排名与政策建议》在上海发布[EB/OL]. [2019-03-18]. http://www.cssn.cn/zx/bwyc/201903/t20190318_4849660.shtml.

中国与全球化智库,2020.《全球智库报告2019》发布[EB/OL]. [2020-02-04]. http://www.drc.sz.gov.cn/zkhz/202002/t20200204_18998274.htm.

第2章 中国气候变化智库的概况与作用

近年来,党中央、国务院围绕建设中国特色新型智库制定了一系列重大政策措施,不断引领、推动和支持新型智库建设,中国智库建设赶上了大发展的春天。同时,各地在支持智库建设方面持续发力,一个千帆竞发的智库建设良好生态正稳步形成。随着智库成长环境越来越成熟,各种类型的专业智库也呈大幅增加趋势。如今,全球气候安全问题日益严峻,全球气候治理为各个国家提出更高要求。在这样的大背景下,气候变化智库作为应对全球气候安全问题的新生力量和全球气候治理的重要参与者、贡献者,近些年来发展格外迅猛。

北京理工大学能源与环境政策中心魏一鸣研究组在《气候变化智库:国外典型案例》一书中对314家国外气候变化智库进行了综合分析与评价,其中综合影响力排名前10的气候变化智库集中在美国、英国与加拿大。这些欧美国家的气候变化智库在世界范围有很高的知名度和影响力,在联合国气候变化大会谈判中扮演着重要角色,深度参与全球气候治理的进程。相比之下,中国气候变化智库在全球气候治理谈判与交流中的话语权、领导力稍显逊色,成长空间还很大,迫切需要加快发展步伐。

本章首先对国内气候变化智库现状进行调研,以2015年出版的《中国智库名录》(社会科学文献出版社)所涵盖1137家智库为基本数据库,并结合资料调研和专家访谈,遴选出67家气候变化智库,并根据不同的隶属关系与组织形态将其分为四大类:官方智库、高校智库、合作智库、社会智库。然后,在此基础上,对它们的研究热点、主要职责和活跃动态进行盘点。最后，梳理当前中国气候变化智库参与全球应对气候变化进程的主要方式。就此，希望通过对中国气候变化智库的调研与梳理，为后文的评价研究打基础。

2.1　中国气候变化智库分类

2.1.1　官方智库

中国气候变化官方智库是指主要由政府出资设立或经费主要来源于政府财政拨款的气候变化智库，致力于为公共政策、公共利益服务，是国家治理体系的重要组成部分。官方智库聚集了大量技术型官员和专家学者，为国家治理过程提供集体理性，这是现阶段中国气候变化智库的重要使命。官方智库主要包括政府部门所属的科研院所、国家实验室、研究中心等。官方智库的主要研究领域有：①为国家战略发展提供理论依据，如国家应对气候变化战略研究和国际合作中心，致力于在战略规划、政策法规、国际合作、统计考核、碳市场管理和信息咨询等方面开展系统研究。②为国家生态文明建设、环境治理提供新的思想、主张、理念。如国务院发展研究中心资源与环境政策研究所，致力于研究建设生态文明、促进可持续发展的理论、战略、制度和政策，以及转变经济发展方式、建设资源节约型和环境友好型社会的理论、战略、制度和政策。③注重在气候变化外交与国际谈判中发挥作用，增强国家软实力的重要组成部分。如国家气候变化专家委员会，致力于在国家应对气候变化内政外交战略部署中发挥决策咨询和支撑作用，认识和研究气候变化，做好新形势下的应对气候变化相关工作，为国际谈判提供科技支撑，形成更多有针对性的科技咨询报告。④奠定有关气候变化的科学基础，为国家适应和应对气候变化问题的决策提供有力科学支撑。如国家气候中心，致力于地球系统模式发展与全球气候变化研究，大气化学、大气环境变化及其预测机理研究，东亚季风气候系统动力学研究与气候预测，中层大气过程与大气遥感研究等，服务于经济和社会的可持续发展和国家安全。

2.1.2 高校智库

中国气候变化高校智库是指依托于一所或多所大学，并借助于所依托的高校优势学科的研究活动和成果，致力于对全国范围内气候变化的成因、影响、预测、减缓、适应等开展跨学科综合性研究的气候变化领域智库。高校智库可以分为两类：①依托本单位优秀学科基础技能和跨学科的经验，将气候变化与社会发展联系起来，在气候政治、气候伦理、气候法律政策、气候变化与公共健康等领域进行相关研究。如北京师范大学全球环境政策研究中心，主要研究热点为应对气候变化、国际贸易与环境问题、生物多样性保护等全球瞩目的环境问题。②面向国家能源与应对气候变化领域的重大战略需求，针对能源经济与气候政策中的关键科学问题开展系统研究。如北京理工大学能源与环境政策研究中心，主要研究领域为国家能源与气候决策、气候变化与低碳发展的相关政策的制定、实施和效果的分析和评估，为政府、企业和公众提供政策分析的支持，为低碳发展和应对气候变化提供政策研究和交流平台；围绕国家油气等矿产资源和水电资源开发决策、应对极端气候事件等国家重大战略问题开展系统研究，紧紧围绕能源供应与投（融）资、能源需求与效率、能源市场与碳市场、气候与环境变化、能源安全与预警、绿色供应链、能源建模与系统开发这八大课题展开研究。

2.1.3 合作智库

中国气候变化合作智库是指由政府、高校、企业、社会团体或个人等出资，两个或两个以上的研究机构共同合作建立并开展实体运作，而且能够较好利用协作研究机构的资源开展气候变化合作研究的一种智库组织形态。此类智库有很强的公益性，强调多个研究单位的协作互助和优势互补，合作形式比较灵活，能够适应气候变化研究的趋势和方向，同时也使得自己在气候变化研究中独树一帜。合作智库的主要研究领域有：①全球变化影响的综合评估，全球变化过程和机制的研究。如复旦-丁铎尔中心，以全球变化影响的综合评估、全球变化过程和机制的研究以及全球变化背景下经济、能源、人类健康和可持续发展的相互关系为主要研究热点。②关注中国环境与发展核心问题，推动发展国际先进理念和中国绿色发展实践双向互动。如中国环境与发展国际合作委员会，把国际可持续发展先进理念带入中国，促进中国与国际社会在环境与发展领域的交流与互鉴。③清洁能源与气候变化。如清华-布鲁金斯公共政策研究中心，主要关注中美关系、经济转型、社会保障、中美两国在清洁能源与气候变化的开发与部署方面的合作。

2.1.4　社会智库

中国气候变化社会智库是指主要依靠社会组织力量，依法设立的，有独立法人财产的从事气候变化研究的智库。社会智库大多数具备高素质专业化的研究人才，以项目为主要合作方式，有众多的研究领域和分支机构。社会智库的主要特点有：①依托于政府，为国家、地区或企业应对气候变化、发展低碳经济、控制温室气体排放等提供专业化的信息和建议。如中国（深圳）综合开发研究院，以研究为依托进行广泛深入的咨询服务，强调国际惯例与中国实际国情相结合，使咨询服务具有“中国特色”，主要关注能源等领域。②依托于咨询公司或能源公司，从自身利益出发，开展与能源相关的气候变化研究。如中国能源研究会，围绕国家的能源战略和政策、能源管理和能源科学技术的重点课题，组织和推动各种形式的科学研究工作，积极开展学术交流活动。

中国气候变化合作智库与社会智库对社会长远发展的作用是不可忽视的，它们代表社会声音，改善公共决策的有效机制，使得独立性、多元性、专业性的观点能够平等、充分地表达，同时可以汇集各方面的精英人士，从而为公共决策提供更全面和前瞻性的研究支持。目前，中国大部分气候变化合作智库与社会智库发展不充分，且数量较少，缺乏必要的发展环境，而且在中国这两类智库仍然有很深的官方背景，独立性不足。

2.2 中国重要气候变化智库盘点

2.2.1 中国气候变化智库备选池

本书以2015年出版的《中国智库名录》(社会科学文献出版社)所涵盖的1137家智库为基本数据库，同时结合专家意见和网络资料调研，分析了以气候变化为重要研究内容的国内智库；并外延到相关国家部委及其下属事业单位与科研机构、高等院校的数百家机构。本节从以上千余家智库中，遴选出67家气候变化智库，并将这些智库分为四大类：官方智库共23家；高校智库共27家；合作智库共6家；社会智库共11家，如表2.1所示。需要注意的是，由于获取信息有限，智库名录难免有所疏漏，我们会在后续研究中增补调整。

关于中国气候变化智库备选池的排序，官方智库涉及党政部门的，部门按照国务院办公厅和中共中央组织部网站公布的顺序排列，每个部门直属智库按照拼音顺序排列；涉及地方政党部门的，地区先按照北京市、上海市、天津市、重庆市顺序排列，再按照拼音顺序排列省、自治区。高校智库按照直辖市(顺序同上)、省(自治区)分别列示，各地区高校所属智库按拼音顺序排列。合作智库、社会智库的每类智库按照拼音顺序排列。

表2.1 中国气候变化智库备选池

序号	智库名称	智库类型
1	国家发展和改革委员会能源研究所	官方
2	生态环境部环境规划院	官方
3	生态环境部环境与经济政策研究中心	官方
4	国家应对气候变化战略研究和国际合作中心	官方

续表

序号	智库名称	智库类型
5	中国环境科学研究院	官方
6	水利部应对气候变化研究中心	官方
7	中国科学院科技战略咨询研究院可持续发展战略研究所	官方
8	中国科学院气候变化研究中心	官方
9	中国科学院生态环境研究中心	官方
10	中国社会科学院城市发展与环境研究所/可持续发展研究中心/生态文明研究智库	官方
11	中国社会科学院环境与发展研究中心	官方
12	中国社会科学院数量经济与技术经济研究所	官方
13	国务院发展研究中心发展战略和区域经济研究部	官方
14	国务院发展研究中心资源与环境政策研究所	官方
15	国家气候变化专家委员会	官方
16	国家气候中心	官方
17	中国气象局气象发展与规划院	官方
18	中国气象科学研究院	官方
19	中国林业科学研究院	官方
20	北京市应对气候变化研究中心	官方
21	上海国际问题研究院	官方
22	上海社会科学院生态与可持续发展研究所	官方
23	中国南海研究院	官方
24	北京大学能源安全与国家发展研究中心	高校
25	北京大学能源经济与可持续发展研究中心	高校
26	北京大学气候变化研究中心	高校
27	北京大学中国低碳发展研究中心	高校
28	北京工业大学循环经济研究院	高校
29	北京化工大学低碳经济与管理研究中心	高校
30	北京航空航天大学低碳经济研究中心	高校
31	北京理工大学能源与环境政策研究中心	高校
32	北京师范大学气候变化与贸易研究中心	高校

续表

序号	智库名称	智库类型
33	北京师范大学全球环境政策研究中心	高校
34	对外经济贸易大学国际低碳经济研究所	高校
35	清华大学绿色经济与可持续发展研究中心	高校
36	清华大学气候变化与可持续发展研究院	高校
37	清华大学全球可持续发展研究院	高校
38	清华大学全球变化研究院	高校
39	中国政法大学气候变化与自然资源法研究中心	高校
40	福州大学循环经济研究基地	高校
41	暨南大学资源环境与可持续发展研究所	高校
42	兰州大学西部环境教育部重点实验室/西部环境与气候变化研究院	高校
43	武汉大学气候变化与能源经济研究中心	高校
44	湖南大学自然资源与气候变化法律研究中心	高校
45	南京大学气候与全球变化研究院	高校
46	南京航空航天大学能源软科学研究中心	高校
47	南京信息工程大学气候与环境治理研究院	高校
48	青岛科技大学应对气候变化战略研究和碳市场能力建设青岛中心	高校
49	中国人民大学国际学院(苏州研究院)气候变化与低碳经济研究所	高校
50	浙江大学气象信息与预测研究所	高校
51	复旦-丁铎尔中心	合作
52	能源与环境政策研究中心	合作
53	清华-布鲁金斯公共政策研究中心	合作
54	清华-卡耐基全球政策中心	合作
55	上海城市气候变化应对重点实验室	合作
56	中国环境与发展国际合作委员会	合作
57	草根智库	社会
58	崇明生态研究院	社会
59	海南低碳经济政策与产业技术研究院	社会
60	九鼎公共事务研究所	社会

续表

序号	智库名称	智库类型
61	盘古智库	社会
62	山东生态文明研究中心/山东省生态文明研究会	社会
63	中国(海南)改革发展研究院	社会
64	中国能源研究会	社会
65	中国(深圳)综合开发研究院	社会
66	中国与全球化智库	社会
67	中关村绿色发展新型智库	社会

2.2.2　国内高影响力气候变化智库

本节以上述 67 家中国气候变化智库为基础，通过广泛调研与专家咨询，并参考各智库官网信息，简单梳理出目前专家和公众普遍认可，熟知度、活跃度、影响力较高的若干气候变化智库。以下对这些智库概况进行简要介绍，所列举的智库不分先后顺序。

2.2.2.1　官方智库

主要研究领域有国家气候治理战略，生态文明建设、环境治理，气候变化外交与国际谈判，有关气候变化的科学基础等，旨在为国家适应和应对气候变化问题的决策提供有力科学支撑。

(1)国家发展和改革委员会能源研究所

机构简介：国家发展和改革委员会能源研究所是综合研究中国能源问题的国家级研究机构，以国家宏观能源经济与区域能源经济、能源产业发展、能源技术政策、能源供需预测、能源安全、能源与环境、节能与提高能源效率、可再生能源和替代能源发展等与经济社会发展相关的能源经济问题为主要研究方向。

能源研究所的研究范围涵盖能源生产、流通、消费的各个领域，重点是围绕中国的能源经济、能源效率、能源与环境以及可再生能源发展等方面开展软科学研究，为国家制定能源发展战略、规划和政策以及相应的能源法规、能源标准等提供理论科学依据和咨询建议；与有关国际机构、外国政府、组织、学术团体在能源领域开展合作研究和学术交流;为社会各界提供相关的咨询服务。

活跃动态:2017年9月,能源研究所与国网能源院签署战略合作框架协议并就能源供需模型、能源政策及可再生能源发展等议题召开专题研讨会,倡议双方务实合作、优势互补,联合发表高水平学术文章,举办热点问题学术论坛,加强项目合作,联合培养优秀人才。2019年12月,在第25届联合国气候变化大会上,能源研究所、陕西煤业化工集团有限责任公司、隆基股份共同研究完成并发布的《中国2050年光伏发展展望》报告,是全球第一份由可再生能源民营科技企业作为重要参与方的国际清洁能源技术展望报告。2020年7月,能源研究所参加中国科学院学部咨询评议项目"长三角地区地热资源及其综合利用研究"启动会,介绍了长三角地区地热资源及其综合利用研究实施方案,围绕该项目实施方案进行了深入交流讨论,提出了多项具有建设性的合理化建议。

(2)生态环境部环境规划院

机构简介:生态环境部环境规划院前身是中国环境规划院,原直属于环境保护部,独立运行于2001年,为独立法人事业单位。2018年党和国家机构改革后,直属于生态环境部。主要承担国家中长期环境战略规划、全国环境保护中长期规划与年度计划、污染防治和生态保护等专项规划及气候变化等方面研究及技术支持工作。2001年以来,承担了60多项国家级重大规划和50多项流域、区域级生态环境保护规划编制研究,牵头开展了120余项重大科技专项、科技攻关项目研究,70余项国家环境政策研究,完成了60余项国际合作项目。完成的多项规划、评估报告、环境政策为中国政府批复、采纳,为相关部门的决策管理提供了重要的技术支持。

该规划院开展国家生态文明、绿色发展、低碳经济等发展战略研究,承担国家中长期环境战略规划与年度计划、污染防治和生态保护规划、流域区域和城市环境保护规划等理论方法研究、模拟预测分析、规划研究编制、实施评估考核等技术性工作;承担中央财政专项资金项目技术咨询、技术服务和绩效评估等工作；承担污染物排放总量控制、环境容量测算、排污许可、排污交易及气候变化等方面研究及技术支持工作；承担环境风险评估与管理、污染损害鉴定、经济损失评估等方面研究及技术支持工作；承担农村环境保护和农业源环境管理等与规划相关的技术支持工作；承担环境功能区划、生态功能区划等方面研究及技术支持工作；开展环境经济核算及与环境保护公共财政、环境保护税、生态补偿、环境审计等方面研究工作。

活跃动态：2018 年 5 月，该院与海南省生态环境保护厅在海口签署推进国家生态文明试验区建设战略合作协议。为推动《“健康中国 2030”规划纲要》和中国 2050 低排放发展战略实施，2018 年 6 月，该院环境与健康研究中心组织召开了中国能源模型论坛环境与健康组技术研讨会。同年 9 月，该院王金南院长带队赴山西开展汾渭平原大气污染防治调研，环境风险与损害鉴定评估研究中心、大气环境规划部等科研人员参加了此次活动。同年 10 月，该院在北京组织召开了“2018 全国环境规划与政策研讨会”。2020 年 10 月，该院组织专门团队为《关于统筹和加强应对气候变化与生态环境保护相关工作的指导意见》的研究、起草和印发提供了全程技术支撑，通过组织相关领域和行业专家进行研讨，多次征求意见并进行修改，不断完善，并完成送审稿。同年 12 月，由规划院主办的中国环境科学学会气候变化分会 2020 年年会暨中国城市二氧化碳排放达峰学术讨论会在北京顺利召开。与会专家进行了专题汇报，并针对广大网友关注的问题，进行了回应和解答。下一步，气候变化分会将紧密结合应对气候变化的核心工作，继续为中国实现碳达峰目标、碳中和愿景贡献力量。

(3)生态环境部环境与经济政策研究中心

机构简介：生态环境部环境与经济政策研究中心前身是环境保护部环境与经济政策研究中心，是环境保护部直属的政策研究与决策咨询机构。2018 年党和国家机构改革后，直属于生态环境部。中心成立于 1989 年，首任主任为曲格平先生，是国家生态环境保护宏观决策和管理支持机构。主要负责生态环境保护方面的全局性、综合性、前瞻性重大问题以及热点难点问题研究；承担生态环境部重要文件和材料、年度工作报告和工作要点、重要讲话文稿的起草工作；承担生态环境战略、政策、法治、体制等调查研究、成效评估与技术支持工作；承担国际生态环境问题研究工作；为生态环境部提供政策建议和咨询意见。

活跃动态：2018 年 12 月，该中心与欧洲环保协会主办了“中欧排污许可制度研讨会”。会议围绕排污许可证发放的主体、管理的范围、排污许可制度与环境影响评价制度的关系、排污许可证的核查问题、证后监管以及法律责任开展了互动交流，为完善中国排污许可制度，加快排污许可证发放与管理提供重要支持。2019 年 11 月，中心举办“中国环境战略与政策学术年会”，围绕服务国家生态环境保护开展政策咨询和决策支持，打好污染防治攻坚战，坚持和完善生态环境领域制度体系，开展前瞻性、针对性、储备性战略研究与研讨，主要针对“加强环境战略与政策创新，推进环境治理体系和治理能力现代化”进行重点讨论。2020 年 6 月，该中心举办第十五期中国环境战略与政策大讲堂，提出当前需要特别关注去全球化、去规则化等对全球环境治理的挑战，绿色“一带一路”的实践与创新，应对气候变化与气候投融资，金融机构的绿色化转型，环境、社会和治理，环境信息披露与透明度，供应链、产业链和价值链的绿色化等重要问题。会议就国际环境政策内涵、协同效益切入点等相关问题进行了深入讨论与交流。同年 9 月，该中心在北京召开生态环境政策短板及“十四五”政策创新完善建议专家座谈会，旨在深入研究分析中国生态环境政策的突出短板，通过研讨，力求把问题说准、说清、说透，为“十四五”生态环境政策制定和创新提供支持。与会专家还围绕环保产业、气候变化、绿色金融、绿色价格以及生态文明示范创建等具体领域讨论了主要政策问题。

(4)中国科学院科技战略咨询研究院可持续发展战略研究所

机构简介：中国科学院科技战略咨询研究院（以下简称“战略咨

询院”)是中国科学院学部发挥国家科学技术方面最高咨询机构作用的研究和支撑机构,是中国科学院率先建成国家高水平科技智库的重要载体和综合集成平台,是集成中国科学院院内外以及国内外优势力量建设的创新研究院。可持续发展战略研究所为战略咨询院下设研究机构。

战略咨询院可持续发展战略研究所从科技规律出发研判科技发展趋势和突破方向,从科技影响的角度研究经济社会发展和国家安全重大问题,聚焦生态文明与可持续发展战略,建设开放合作的战略与政策国际研究网络,为国家宏观决策提供科学依据和政策依据。主要研究问题包括:生态文明体制建设重大问题,生态文明理论体系建设,可持续发展战略与政策,能源与应对气候变化,国土空间规划、区域发展政策,地缘政治和经济、地理过程模拟等。

活跃动态:2018年6月,战略咨询院举办了“气候科学、经济转型与科技革命”圆桌研讨会。中美双方专家就气候科学最新进展、经济转型与科技革命背景下的气候治理等问题进行了热烈讨论。会议从气候政治角度,深入解读了习近平主席与奥巴马总统2014年中美气候变化联合声明的重要国际意义,以及美国退出巴黎气候协定的全球影响;会议讨论指出气候政策需要长期规划,从产业结构到能源系统都需要有系统的转型战略。2019年12月,战略咨询院参加第二十五届联合国气候变化大会。本次会议的重点是探讨和交流如何加速世界经济“脱碳”,制定通过市场机制降低减排成本和提高力度的实施细节。此次大会内容涉及生态文明建设、全球气候治理、“一带一路”气候合作、长期低排放战略、气候投融资、基于自然的解决方案等全球绿色低碳转型的关键战略和政策问题。同时,在前沿理论方面,与全球顶尖智库专家就气候变化经济学的未来走向展开对话,为气候变化研究与经济社会治理的链接提供了有益探索。2020年8月,科技部国家重点研发计划项目“‘一带一路’沿线主要国家气候变化影响和适应研究”项目中期自查暨研讨会在京召开,该项目由战略咨询院牵头。与会专家听取汇报并认真审阅了项目中期执行报告和技术文档等材料，对课题研究进展给予了充分肯定，认为各课题组较好完成了研究任务和中期考核指标，部分成果支撑了国家战略决策，具有一定的国际影响力。专家组就未来发展和改进方向提出了建设性意见。

(5)国家应对气候变化战略研究和国际合作中心

机构简介：国家应对气候变化战略研究和国际合作中心原直属于国家发展和改革委员会，2018 年党和国家机构改革后，成为直属于生态环境部的正司级事业单位，也是中国应对气候变化的国家级战略研究机构和国际合作交流窗口。

该中心主要组织开展应对气候变化政策、法规、战略、规划等方面研究；承担国内履约、统计核算与考核、碳排放权交易管理、国际谈判、对外合作与交流等方面的技术支持工作；开展应对气候变化智库对话、宣传、能力建设和咨询服务；承担清洁发展机制项目管理工作。

活跃动态：2017 年 9 月，国家应对气候变化战略研究和国际合作中心与中国浦东干部学院联合主办的“应对气候变化国家行动和能力建设”高中级干部专题研修班，在上海浦东举行。2018 年 9 月，该中心与上海国际问题研究院比较政治和公共政策研究所、绿色和平组织共同举办了“IPCC 1.5 ℃特别报告及环境机构参与气候科学传播座谈会”。同年 10 月，该中心与日本地球环境战略研究机构、韩国环境研究院在北京联合主办了“中日韩低碳城市研讨会”。同年 12 月，由该中心和欧盟联合研究中心联合主办的“第六届全球气候变化智库论坛——全球气候治理与人类命运共同体”在联合国气候变化卡托维兹大会“中国角”召开。2020 年 9 月，该中心组织召开“中国推动全球气候治理和国际合作的战略和对策研究”课题结题会。课题全面分析了中国推动全球气候治理面临的国际形势，针对未来的挑战和机遇提出总体战略和相应对策。同时，与会各位专家结合当前全球气候治理新形势和国内发展趋势，就落实习近平总书记最新提出的气候行动目标、“十四五”及未来中长期中国能源经济发展和碳排放等问题进行了交流与探讨，提出了下一步开展相关研究工作的建议。与会代表认为，加强中欧在应对气候变化立法方面的交流互鉴，对于推进中国应对气候变化法治化进程具有重要借鉴意义。

(6)国务院发展研究中心发展战略和区域经济研究部

机构简介：国务院发展研究中心发展战略和区域经济研究部的主要职责是：综合研究中长期经济发展战略和政策，根据定量研究和中长期预测，提出对策建议；研究区域经济的发展战略与政策；对有关部门、地区和单位的中长期发展规划进行研究，提出政策建议。

该中心研究重点有以下方面：①国家中长期发展战略研究：中国经济发展的长期趋势；经济发展阶段演进的一般规律和发展战略问题；经济结构调整；经济增长方式和发展模式；中国经济与世界经济发展的互动关系；中国中长期发展中的其他重要问题。②区域经济发展研究：中国区域经济发展格局的中长期变化趋势；中国城市化发展战略；国内区域经济合作；宏观经济形势与区域经济运行的关系；宏观经济政策对区域经济发展的影响；区域竞争力的分析、评价与比较；欠发达地区、特定区域的发展战略、规划和政策设计；跨国区域合作对国内区域经济发展的影响；区域发展战略和政策的国际比较。③应对气候变化和绿色发展研究：从经济学角度研究全球气候变化和绿色发展问题，为气候变化谈判和促进绿色发展提供理论支撑和政策建议，包括建立公平有效的国际气候治理框架、国内减排机制设计、减排与经济发展、环境保护与经济发展、绿色发展对于促进落后地区发展和减贫的政策含义等。④政策分析模型的开发和应用：建立数据库，开发和维护中国经济可计算一般均衡模型，并运用该模型进行政策模拟分析。⑤两项重点政策基础领域的研究，分别是“气候变化和绿色发展”“中长期发展”。

活跃动态：2014 年发布的《中国碳排放展望：绿色治理孕育高质量增长点》调查研究报告提出，现阶段经济增长转换的特征更趋明显，碳排放增速逐步趋缓的态势进一步得到确认。为防控产能过剩、政府债务等问题演化为严重风险而主动采取的紧缩性措施，短期内也可能抑制经济增长速度，从而减少排放。为提供涉及面最广的公共产品——清洁空气所采取的大气治理措施，有助于绿色增长点的形成。完善资源要素价格形成机制，以更好地反映其全生命周期成本，一方面有利于减缓粗放型经济的增长；另一方面也有利于改善要素配置结构，孕育促进新的高质量、可持续的增长点。2018年12月，发展战略和区域经济研究部副部长张永生在参加“十如对话”期间接受了专访。他认为，中国政府这几年在治理雾霾上下了非常大的决心，环境和经济发展是可以相互兼容的，甚至可以做到相互促进，这取决于发展的内容和方式。2019年6月，中华环保联合会绿色金融专业委员会2019年度高峰论坛在京举行。论坛主题是“发展绿色金融，建设生态文明”。国务院发展研究中心发展战略和区域经济研究部副部长、研究员刘培林出席本次论坛，发表题为“绿色发展的条件”的主题演讲，并强调当前中国生态文明理念下的绿色经济和产业体系正在建立，绿色金融作为经济转型的重要抓手，在引导和撬动绿色投资上的作用日益显现。

(7)国务院发展研究中心资源与环境政策研究所

机构简介：国务院发展研究中心资源与环境政策研究所是国务院发展研究中心直属公益一类事业单位，主要从事资源、能源、环境、生态及国土等治理理论和政策研究，为国家生态文明建设提供决策咨询服务。

该研究所主要负责研究建设生态文明、促进可持续发展的理论、战略、制度和政策；转变经济发展方式、建设资源节约型和环境友好型社会的理论、战略、制度和政策；促进资源能源合理开发与利用、保障国家资源能源安全的制度和政策；加强环境保护和治理、修复自然生态系统的制度和政策；绿色发展、循环发展、低碳发展的制度和政策；推进节能减排、应对全球气候变化的制度和对策；优化国土空间开发格局、实施主体功能区战略、保护海洋生态环境的制度和政策。

活跃动态：2017年6月，国务院发展研究中心资源与环境政策研究所和加拿大国际可持续发展研究所共同举办“生态环境监测和监管执法”国际研讨会，交流讨论了中外生态环境监测体系建设以及环

境监测支撑、环境监管执法的主要做法和经验。2018 年 7 月，由该研究所发起、全国 30 家生态文明政策咨询研究机构共同参与的“生态文明制度与政策研究网络”成立暨第一次理事会会议在国务院发展研究中心召开，为国家和地区生态文明建设和绿色发展贡献智慧与力量。同年 8 月，该研究所在北京主办“中日环境保护政策和法律国际研讨会(2018)”。与会代表围绕气候变化应对、核污染防治、大气污染防治、土地污染防治、农用地保护、城市环境保护、自然和生物多样性保护、环境侵权责任、环境法基础理论等环境政策和法学的热点问题，集中开展学术研讨。2009 年 11 月，该研究所有关专家接受记者的专访时提及，应对气候变化，发展低碳经济，需要转变增长方式，调整经济结构，提高非化石能源的比例；降低工业能耗，大力发展先进制造业、现代服务业，提升中国在国际产业分工中的地位；加大低碳技术研发、低碳金融创新力度；加强制度创新，转变政府发展理念，健全绿色 GDP 体系；实现建筑、交通等衣食住行生活、消费方式的低碳转变，努力走出一条化石能源消耗低、温室气体排放少的经济发展道路。2020 年 11 月，该研究所“新时代绿色低碳循环发展研究”课题组发布的《全球碳定价最新动态与对我启示》调查研究报告提及，欧盟多年来主要依靠碳市场减排，2019 年年底提出了 2050 年碳中和目标及发展碳市场、碳税等一揽子计划，并计划征收碳关税。这些措施一旦实施，会对中国贸易产生直接影响并对中国减排构成巨大压力。为此，报告认真研判他国碳定价动向，核算目前中国真实的碳成本，提前做好碳定价工具的研究和设计，以支持中国积极参与国际气候谈判和推动构建全球气候治理新格局。

(8)中国气象局气象发展与规划院

机构简介：中国气象局气象发展与规划院是中国气象局直属司局级事业单位，部分源起于中国气象局总体规划研究设计室（简称“总体室”）。遵照中国气象局党组“出成果、出人才”的要求，总体室在气象事业发展规划编制、科技政策研究、业务技术体制研究、工程项目设计与评估等顶层设计工作中发挥了重要作用，为气象部门培养了一批高层次人才。在2004年机构调整中，总体室人员一部分转入国家气象信息中心，一部分转入中国气象局图书馆，有关中国气象事业发展、业务技术体制改革方案设计等全局性重要课题，分别由临时成立的战略办、体改办或专题研究组承担。2008年，中国气象局党组研究决定，以中国气象局培训中心为主体，将分散在各相关单位的原总体室职能和资源进行整合，组建中国气象局发展研究中心，开展全局性、长远性、前瞻性和实用性的气象事业发展战略研究工作，并希望发展研究中心成为中国气象局党组战略决策的“智囊团”和培养优秀人才的平台。2020年，经中央机构编制委员会办公室批复，在整合发展研究中心全部资源的基础上，依托中国气象局资产管理事务中心组建中国气象局气象发展与规划院。

主要承担气象防灾减灾、应对气候变化、气候资源开发利用及气象与生命安全、生产发展、生活富裕、生态良好等相关重大政策、战略的研究和重要信息分析工作，为中国气象事业发展提供决策咨询；国家气象中长期发展纲要、气象发展总体规划、行业规划、区域规划和重大专项规划等研究、编制、评估等技术支撑工作；承担省级气象综合规划审查等工作；国家气象重大工程项目各阶段报告的编制和设计工作；开展重大工程项目储备研究。此外，还开展气象工程项目的技术咨询服务、项目采购组织工作以及气象规划、工程项目相关的理论方法、政策、技术标准、规程规范研究，资产监督管理、会计服务、财务核算等工作。

活跃动态：近年来，中国气象局气象发展与规划院（包括原中国气象局发展研究中心）核心工作聚焦在三方面：①气象发展规划与战略研究。编制《全国气象发展“十三五”规划》《全国气象现代化发展纲要（2015—2030年）》等综合纲领性文件。参与编制气象“一带一路”发展、河北雄安新区气象发展、气象粤港澳大湾区发展等区域性重点规划。参与编制《“十四五”时期防灾减灾战略研究》，并提交中财办。目前正在进行《气象发展“十四五”规划》与《气象强国建设纲要》等重大文件的编制研究工作。②气象重大政策研究。策划并持续开展智慧气象、区域气象战略发展、气候安全、气象对外合作、气象改革发展等领域的政策研究工作，形成大量成果上报中国气象局党组，部分成果得到局领导重要批示。③气候变化智库研究。2015年起开创气候变化智库有关研究工作，广泛开展国内外和部门内外调研，完成多项省部级以上课题，形成若干研究成果，为气象智库建设与发展提供了重要支撑。

2.2.2.2 高校智库

依托高校研究力量，致力于为气候变化领域的科学研究提供人才培养和研究平台，注重气候变化领域本科生和研究生的培养，增强该领域的人才储备，搭建众多研究平台，为气候变化研究工作的持续开展提供动力。

(1)北京理工大学能源与环境政策研究中心

机构简介：北京理工大学能源与环境政策研究中心起源于20世纪90年代魏一鸣在中国科学院的资源与环境复杂系统建模研究团队。2009年，应北京理工大学邀请，团队大部分成员调入北京理工大学，并经学校批准成立了北京理工大学能源与环境政策研究中心，成为北京理工大学下属科研机构。该中心面向国家能源与应对气候变化领域的重大战略需求，针对能源经济与气候政策中的关键科学问题开展系统研究，增进对能源、气候与经济社会发展关系的科学认识，为政府制定能源气候战略和政策提供科学参考，并建设与国际一流同行开展学术交流的平台，培养高水平专业人才。

该中心早期围绕国家油气等矿产资源和水电资源开发决策、应对极端气候事件等国家重大战略问题开展了系统研究。2000年以来，针对国家新的发展形势和战略需求，研究领域进一步扩展到能源经济系统和全球气候政策，研究视野和思路进一步拓展到交叉综合学科。该中心的主要研究领域包括能源经济与气候政策，能源供需与效率，能源市场与碳市场，行业和企业绿色管理，气候变化和区域环境变化，能源经济气候系统集成建模，能源与低碳技术预见。

活跃动态：2018年1月，北京理工大学能源与环境政策研究中心在北京举行2018年度“能源经济预测与展望研究报告发布会”，对外发布《新时代能源经济预测与展望》《2018年国际原油价格分析与趋势预测》《2018年石化产业前景预测与展望》《新能源汽车新时代新征程：2017回顾及未来展望》《中国电动汽车动力电池回收处置现状、趋势及对策》《中国碳交易市场回顾与展望》6份研究报告，受到媒体广泛关注。2018年7月，北京理工大学能源与环境政策研究中心组织召开了能源经济与气候政策创新研究群体年度学术交流会暨第一届中国绿色低碳发展转型管理学术研讨会。2018年10月，北京理工大学能源与环境政策研究中心魏一鸣领衔团队以Web和数据库技术为依托，以国家重点研发计划项目“气候变化经济影响综合评估模式研究”成果为基础，开发了“中国气候变化综合评估模型系统”。该系统经过数月测试和运行、升级和再运行，现已正式集成于国家能源模型集成平台。2020年8月，该中心参加线上第23届全球经济分析年会。会议围绕实现可持续发展目标、区域一体化和全球一体化的挑战、全球协同的经济分析工具和经济政策对收入分配的影响等主题对2020年以后的全球经济展开探讨。会上，该中心研究人员报告了最新合作研究成果，并积极与国内外专家学者进行交流讨论。同年11月，国家重点研发计划项目“气候变化经济影响综合评估模式研究”2020年度学术交流会在北京举行。该中心作为项目牵头单位组织交流，中心有关项目负责人报告了项目总体情况，各课题负责人分别报告了各课题进展情况，项目骨干围绕全球应对气候变化自我保护策略及中国碳中和路径设计、气候损失评估与灾害足迹模型开发、大气 CO_2 浓度估算、“全球-国家-区域”CGE建模等方面做了亮点研究工作报告。项目团队在科学研究、人才培养、决策支撑、国际影响等方面取得了重要进展。

(2)北京师范大学全球环境政策研究中心

机构简介：北京师范大学全球环境政策研究中心成立于2005年，是北京师范大学下设的直属研究机构。中心依托北京师范大学环境学院开展工作，关注应对气候变化、国际贸易与环境、生物多样性保护等全球瞩目的环境问题，致力于学习借鉴各国、各地区环境政策制定和实施多样化环境管理模式的经验和教训，试图在环境经济学理论方法指导下，为中国的环境政策制定与管理实践，为中国的绿色崛起出谋划策。

该中心的主要研究方向包括应对气候变化的全球与局地大气污染物协同控制，国际贸易与环境问题，生物多样性保护的管理体制，低碳城市建设、环境风险与应急管理中的环境损害评估、生态补偿、生态环境评价与规划等。多年来，该中心依托北京师范大学环境学院承接了生态环境部、国家发改委、商务部、北京市发改委、欧盟、亚太经合组织（Asian-Pacific Economic Cooperation，简称 APEC）、世界银行、亚洲开发银行、世界自然基金会、能源基金会、加拿大国际发展研究中心以及多个地方环保部门、企业等委托的项目研究。该中心完成了数十份政策研究和咨询报告，发表了百余篇中英文学术文章，获得了政府部门和学术界的广泛认可。

活跃动态：2014 年，受商务部和 APEC 秘书处委托，毛显强领导的全球环境政策研究中心团队承担"APEC 区域可持续投资案例研究"，并与世界自然基金会等单位合作开展持续研究。2017 年 6 月，北京师范大学环境学院与英国剑桥环境研究公司在北京师范大学共同举办"中英城市空气质量管理研讨会"，北京师范大学全球环境政策研究中心与大气环境研究中心协同举办。目的是促进城市空气质量管理领域的研究与交流，介绍国内外最新进展与成果，为广大研究人员和从业者提供一个交流和沟通的平台。2020 年 6 月，受生态环境部环境与经济政策研究中心委托，北京师范大学全球环境政策研究中心承担了"典型城市蓝天保卫战协同减排温室气体效果评估"专题研究工作，并通过视频会议组织召开了专家论证验收会。专家组同意该专题研究通过验收。同年 11 月，该中心参与《经济、技术政策生态环境影响分析技术指南（试行）》文件的起草与讨论，并完成了《政策环境影响分析经验总结报告》和《省级典型政策环境影响分析范例——四川水电消纳》。

(3)清华大学气候变化与可持续发展研究院

机构简介:为国家应对气候变化提供与可持续发展协同的目标、战略、路径和政策建议的研究支持,为应对全球气候变化与实现可持续发展提供智慧和方案,2017年12月,清华大学气候变化与可持续发展研究院成立,努力成为气候变化和可持续发展领域的国际一流高端智库,为推动中国低碳转型和全球气候治理进程贡献智慧。中国气候变化事务特别代表解振华为研究院首任院长,清华大学校长邱勇任理事长。

该研究院致力于开展战略政策研究,加强国际对话交流和培养优秀领军人才三个方面的工作。①搭建高端国际合作平台,促进对话与交流。该研究院打造了在气候领域具有世界影响力的对话与交流旗舰项目"气候变化大讲堂",邀请世界各国气候领袖围绕中国在应对气候变化中的角色和贡献、环境可持续性与政策制定、全球气候变化与青年参与等主题发表演讲、展开对话,分享他们对于本国及全球应对气候变化问题的洞见,交流推进全球气候变化治理的行动和倡议。②锁定全球气候治理进程关键问题,开展战略研究。面对治理空气污染和应对气候变化的双重挑战,该研究院组织清华大学校内研究力量,同时与联合国环境署、气候和清洁空气联盟合作开展全球案例研究,构建可持续发展要求下的协同治理综合政策体系,并打造了"应对气候变化的基于自然解决方案合作平台(C+NbS)""中国甲烷减排合作平台""城市减排平台"等,有系统地推进气候外交策略等研究,依托清华大学的学科优势,为全球应对气候变化和可持续发展事业作贡献。③开发教育与培训项目,培养未来气候领袖。在该研究院的建议和推动下,清华大学倡议发起了世界大学气候变化联盟(GAUC)。联盟成员有剑桥大学、帝国理工学院、麻省理工学院、东京大学等14所大学,遍布六大洲,来自中、法、美、英等9个国家。推动世界大学合作建设全球生态文明、构建人类命运共同体、引领全球应对气候变化合作行动的创新举措,得到联盟成员大学领导、师生的全方位响应,并在世界范围内得到广泛关注。

活跃动态：2018年10月，该研究院启动中国低碳发展战略与转型路径研究，并协调组织了20多家国内顶尖机构和智库，开展面向2030与2050的中国中长期能源经济低碳转型的基础性、前瞻性的政策分析研究，为《巴黎协定》下中国提出长期温室气体低排放发展战略提供支持。该项目共设8个子课题，项目形成的报告为国家制定"十四五"规划提供了科学的支撑。2019年9月，该研究院还承办了由生态环境部和联合国绿色基金主办的"一带一路"气候融资培训班，这是和国际机构合作推出的第一个气候融资领域的南南合作培训项目。来自近30个发展中国家和一带一路沿线国家的应对气候变化领域官员、专家和技术人员来到清华接受培训，以提升发展中国家气候融资能力。2020年10月，该研究院在北京举行碳中和研讨暨"中国长期低碳发展战略与转型路径研究"成果发布会，首次系统公开了该项目研究报告的核心发现，并就中国碳中和路线展开研讨。同年12月，该研究院举行"2035年全球气候治理和中国低碳发展形势、目标和战略研究"第二期学术沙龙，围绕中国建筑部门、工业部门2020—2035年低碳发展目标及路径分析，邀请相关专家到场研讨。

(4)南京大学气候与全球变化研究院

机构简介：南京大学气候与全球变化研究院成立于2009年，是一个集大气科学、地球科学、地理科学、环境科学、生态科学、经济和社会科学等多学科交叉的研究机构，是开展气候与全球变化重大问题集成研究和交叉性高层次创新人才培养的重要基地。基于南京大学在季风气候系统和环境研究领域形成的特色和优势，研究院的主要研究方向包括：大气圈-水圈-冰冻圈-岩石圈和生物圈耦合系统，即地球系统变化的关键过程及人类活动的作用；东亚季风气候系统变化的灾害、环境和资源效应；气候变化影响下的我国重大灾害的预测和影响评估；人类适应气候变化的理论、方法和技术等。核心科学问题是：全球变化中亚洲季风系统与地球系统及人类可持续发展的关系。围绕这一核心科学问题，当前研究着重于以下六个领域：季风区域气候与环境的变化规律和成因；大规模城市化对区域水、碳和能量循环的影响；区域地球系统数值模式的发展和模拟；遥感信息和技术在区域变化研究中的应用；低碳经济与可持续发展；减排、碳捕捉和存储技术研发。

活跃动态：2019 年 3 月，该研究院召开由中国工程院院士、清华大学贺克斌教授牵头，清华大学、南京大学、中国气象科学研究院共同承担的国家自然科学基金委员会战略研究项目“从传统气象学到地球系统科学：大气科学面临的机遇与挑战”项目启动会，会议就大气科学现阶段所面临的机遇和挑战以及项目的实施等进行了讨论。同年 9 月，该研究院举办南京大学-波恩大学雷达气象联合研讨会。会议由大气科学学院赵坤副院长主持，波恩大学代表团、南京大学、南京信息工程大学、国防科技大学的专家出席了本次会议。与会专家学者就雷达定量降水估计、雷达观测强对流风暴、雷达资料同化和短临预报等内容开展讨论。2020 年 9 月，该研究院联合举办了“卫星资料在气候监测和预测中的应用”研讨会。来自国家卫星气象中心、国家气候中心、部分省级气候中心和高校科研院所的气象卫星专家和气候专家参加了本次会议。会议采取特邀专家主题报告和专家研讨的方式进行，针对如何有效和充分利用我国气象卫星资料开展重大气候灾害的监测和预测问题进行了深入的学术研讨。

(5)青岛科技大学应对气候变化战略研究和碳市场能力建设青岛中心

机构简介：青岛科技大学应对气候变化战略研究和碳市场能力建设青岛中心是国家应对气候变化战略和国际合作中心、青岛市发改委、青岛科技大学于 2017 年共同组织成立的气候变化研究中心。该中心依托青岛、服务山东、辐射渤海湾经济圈，建设国内外较高知名度、具有特色鲜明的开放式应对气候变化战略研究智库和碳市场能力建设平台。

该中心是以新能源与环保技术研发、成果转化及科技企业孵化为特色的专业研究与孵化机构。主要依托青岛科技大学核心技术力量，联合中国工程院优质科研资源，借助对德合作及海峡两岸气候变迁与能源可持续发展全国论坛平台，秉承人才资源聚集、生态高端孵化、科技创新驱动、产业发展引领理念，“兼容并包，博采众长”，以“中德合作、科技支撑、综合服务”为特色，加强国际交流合作，汇集“人才、科技、资本”优势资源，打造区域发展核心竞争力，形成集国际合作、科技研发、成果转化、创新创业、企业孵化于一体的科技综合体。

活动动态：该中心围绕青岛市低碳发展工作实际需要，分层次、分重点地开展更具有针对性的碳市场能力建设培训活动，帮助相关企业打造专业、全面的碳排放管理与经营的人才队伍，切实提升青岛相关企业碳排放数据核算、报告、排放监测计划制定等相关业务技能，助推企业绿色低碳发展。自创立以来，该中心已连续多年成功组织举办碳市场培训，包括2017年国家华东六省两市碳市场能力建设培训、2018年青岛地区碳市场能力建设培训、2019年全国碳市场能力建设培训等；连续多年组织召开海峡两岸气候变迁与能源可持续发展论坛前期筹备会议，不但有助于加深海峡两岸的专家学者对这两方面所做努力的了解，也为大陆学习台湾推进绿色转型的新知识、新做法、新经验提供了难得机会，为两岸互动交流做出了贡献。

2.2.2.3 合作智库

主要围绕中国重大战略问题进行研究，满足现实需求，具备有影响力和领导力的智库领导，开展开放式的国际合作交流与学习，科研人员来自世界各国，所学领域各不相同，有丰富的工作经验。

(1)复旦-丁铎尔中心

机构简介：作为中国顶尖大学之一的复旦大学已经认识到，中国需要一个多学科交叉的方法来应对气候变化的挑战，同时也需要国际合作帮助国内研究者借鉴其他国家的相关经验。基于这样的考虑，复旦大学与英国丁铎尔中心合作成立了复旦-丁铎尔中心，这是丁铎尔中心首次在亚洲设立的分中心。复旦-丁铎尔中心是一家以全球变化影响的综合评估、全球变化过程和机制的研究以及全球变化背景下经济、能源、人类健康和可持续发展的相互关系为主要目标的研究中心。该中心于2011年5月27日宣告成立，其创办目的是为了整合复旦大学的优秀学科基础技能和跨学科的经验，借助英国丁铎尔中心的平台，进行高质量的研究，提供广泛而深入的跨学科信息，来解决中国面临气候和相关环境变化的挑战。复旦-丁铎尔中心集合了复旦文理医领域等9个学科和院所的科研力量，由国家科技部原部长徐冠华院士等15位国内外顶尖学者组成的国际学术指导委员会管理和协调中心运作。

复旦-丁铎尔中心的战略建立在四个相辅相成的主题基础上。这四个研究主题之间有许多相互作用的连接，在各种复杂的情况下评估风险抓住机会。主题①能源与排放：在气候变化变得更加严重、中国及其他快速增长的经济体对能源需求更多的今天，低碳经济将成为全球发展的挑战。该中心致力于英国和中国的能源转型，但对中国经济的快速发展要求进行长时间分析。主题②城市和沿海：中国的大多数城市化发生在沿海城市。沿海城市，包括一些中国最重要的港口，在不可避免的海平面上升中将受到很大影响。复旦-丁铎尔中心，将有助于提供科学信息，以使中国城市和沿海地区适应气候变化的影响，并减少污染排放，同时加强经济发展。主题③水陆：水的可用性、使用和管理，生态系统和陆基资源和气候变化影响的方式，对于中国是至关重要的。复旦-丁铎尔中心将尝试确定水和食物供应，以及能源和人民的福祉、健康的安全性和政策建议的解决方案。主题④治理和行为：中国有独特的管理系统，这在全球气候变化和其他环境变化的挑战中也是一个相当大的优势。复旦-丁铎尔中心将利用公共政策研究、社会科学和通信学的力量，以便确定新政策最有前途的触发器，连接最多、更好的政策。

活跃动态：复旦-丁铎尔中心现任主任 Trevor Davies 教授与主任助理蒋平副教授曾访问中国科学院大气物理研究所，并与“未来地球计划”中委会(CNC-FE)进行研讨，为 FE 在中国的活动提供全面的支持并积极参与。复旦-丁铎尔中心曾针对“全球气候变化与应对方案”主题，在全球气候变化与经济发展领域、社会发展领域、历史演变领域、公共卫生领域、政策、法规及传媒等领域向全校教师征集生态环境与人文社科交叉研究项目申报，研究指南明确，优先聚焦全球生态环境变化领域中的全球气候变化及其可能的应对方案。项目实行不同一级学科的双首席专家制度，并鼓励中英双方首席专家申请项目，鼓励与参与英国丁铎尔中心的大学伙伴间的合作，鼓励中、青年教师优先申请、参与。

(2)能源与环境政策研究中心

机构简介：能源与环境政策研究中心是根据中国石油天然气集团公司与中国科学院科技合作协议，中国石油集团经济技术研究院(中石油经研院)、中国石油安全环保技术研究院(中石油安环院)和北京航空航天大学经济管理学院(北航经管学院)三方共建的联合研究中心，开展能源领域的战略与政策研究。该中心的发展目标是把"中心"建成国内一流、具有国际影响力的能源战略研究基地；面向国家战略层面的能源与环境政策需求，提供情景预测、能源系统分析和前瞻性的政策建议；为中国能源行业提供国内外发展战略服务。

在能源经济、能源技术、能源安全、能源环境、能源政策等领域开展系列预测、分析和政策模拟模型与应用软件研究与开发。通过积累，逐步建成国家级能源政策模拟实验室；开展能源，特别是油气科技发展战略、科技创新体系和科技竞争力等方面的研究；承担国家级重大科研项目；向国家有关部门和企业高层提交能源与环境政策的研究报告和政策建议报告，并发布年度报告；建立企业博士点和博士后流动站，培养高层后备人才；在国内外重要学术期刊发表研究论文。

活跃动态：2019 年 6 月，中德政府间合作项目"促进可再生能源大规模利用的政策与市场"学术交流研讨会在北京航空航天大学召开，能源与环境政策研究中心参加了会议，并就相关议题进行了热烈的交流与讨论。本次研讨会分别对三个不同的主题进行报告与讨论。第一个主题为需求响应与能源效率，第二个主题为大规模利用可再生能源的中长期情景，第三个主题为电力市场改革与可再生能源发展。2020 年 4 月，能源与环境政策研究团队基于大数据的碳市场研究成果在 *Nature Communications* 上发表。碳排放权交易市场是应对全球气候变化的重要政策工具。欧盟碳交易机制作为全球最大的国际碳市场，其建立的一个重要初衷是通过引入碳价格信号为相关排放主体提供有效减排激励。在碳市场运行的每一履约期内，排放企业根据自身特点可以通过多减排并出售配额以获得额外收益，也可以通过付出成本购买配额以帮助其实现履约。在欧盟碳交易机制下，参与企业是否通过加强自身减排行动获得了相应的配额交易收益决定了碳市场能否为参与主体提供有效减排激励，并达到促进减排的最终目的。这一问题的回答也将为中国全国碳市场建立和完善提供重要的借鉴经验。

(3)清华-布鲁金斯公共政策研究中心

机构简介：清华-布鲁金斯公共政策研究中心（“清华-布鲁金斯中心”）由位于美国华盛顿的布鲁金斯学会和中国的清华大学联合创办。清华-布鲁金斯中心成立于 2006 年，位于清华大学公共管理学院。清华-布鲁金斯中心致力于在中国经济社会变革及维系良好的中美关系等重要领域提供独立、高质量及有影响力的政策研究。

清华-布鲁金斯中心以多种形式进行研究活动，如为中美两国的学者对中国发展过程中所面临的经济社会问题提供前沿性研究和分析，接待访问研究员，并且组织研讨会、圆桌会议、大型国际会议等，为中美双方的专家学者和政策制定者提供一个加强对话与合作的国际化交流平台。主要研究领域有：①中美关系。②经济转型：中国的经济转型，公共财政，收入分配和不平等。③社会保障：中国社会保障体系的建设与完善，养老金体系改革，社会治理。④城市化：中国的土地所有权和使用权体系改革，户籍制度改革，城市带的形成与扩张，中国城市化进程的公共政策及经验教训。⑤清洁能源与气候变化：中美两国在清洁能源技术的开发与部署方面的合作。该中心学者以中英文两种语言进行写作，发表作品范围广泛，包括在国内外各主流报刊上撰写专栏，进行在线时事评论，出版专著及学术论文。

活跃动态：2018年3月，清华-布鲁金斯中心举办了主题为“AI时代：技术变革，商业价值与政策创新”的专题论坛。本次活动邀请IBM商业价值研究院全球研究总监安东尼·马歇尔、清华大学公共管理学院院长薛澜和清华大学美术学院信息艺术设计系副教授付志勇作为主讲嘉宾，共同就AI在商业领域的发展现状与应用价值及其带来的社会影响、相关的政策启示等进行讨论。能源与气候交叉倡议(Cross-Brookings Initiative on Energy and Climate)由布鲁金斯学会外交政策项目副主任Bruce Jones和加州大学圣地亚哥分校教授David Victor作为联合主席共同指导，其核心团队汇集了包括中国、印度、卡塔尔三个海外中心的地缘政治和能源市场、气候经济、可持续发展、城市可持续性、气候治理等多个领域的专家。2018年3月，该团队发表了一系列关于能源与气候变化领域的最新研究，研究范围包括未来的气候政策、促进清洁科技创新、碳排放定价和全球能源市场等多个议题。

(4)中国环境与发展国际合作委员会

机构简介：中国环境与发展国际合作委员会(简称国合会)成立于1992年，是经中国政府批准的非营利、国际性高层政策咨询机构。伴随中国经济和社会的快速发展，国合会见证并参与了中国发展理念和发展方式的历史性变迁，在中国可持续发展进程中发挥了独特而重要的作用。国合会打开了一扇大门，把国际可持续发展先进理念带入中国；架设了一座桥梁，促进中国与国际社会在环境与发展领域的交流与互鉴；提供了一个平台，通过中外坦诚对话，促进世界了解中国，推动中国走向世界。

28年来，国合会秉持直通车、国际性、综合性三大特点，在中国和世界环境与发展领域独树一帜。国合会在关注领域和研究形式上均体现了综合性、跨领域特点，立足推动环境与经济、社会的协调发展，引进、借鉴国际先进理念、政策、技术和最佳实践，形成多视角、多层面对话交流机制，提出宏观性和综合性政策建议。结合不同时期国际环境发展形势和中国政策需求，国合会政策研究领域不断拓展和深化：从引进国际可持续发展先进理念、提高决策者环境意识，到借鉴国际经验解决环境污染问题、强调环保法律法规建设；从研究环境保护与经济发展的相互关系、推动实现环境与经济发展双赢，到促进环境、经济、社会协调发展；从着眼于中国环境与发展问题本身，到关注区域与全球环境以及中国和世界的相互作用与影响。

活跃动态：2018 年 6 月，国合会绿色“一带一路”与 2030 年可持续发展议程专题项目启动会在北京召开。会议围绕绿色“一带一路”与 2030 年可持续发展议程项目背景与框架、2030 年可持续发展议程及绿色“一带一路”国际案例、“一带一路”建设进展与绿色“一带一路”长效机制建设、“一带一路”与绿色价值链等方面展开讨论。同年 7 月，国合会“全球气候治理与中国贡献”专题政策研究项目启动会在京召开。项目拟明确新时代的中国和国际上其他主要国家在全球气候治理中的角色和定位，研究应对气候变化国际合作的形式和范围，进而提出中国应对气候变化的愿景和中长期目标，探索实现这些目标的途径和措施，研究应对气候变化与环境治理、经济社会发展和生态文明建设的协同发展路径，发掘绿色低碳增长的新动能，为推动建立健康的全球气候治理体系，推动中国有效落实《巴黎协定》提供对策和实施方案。2020 年 11 月，国合会绿色转型与可持续社会治理专题政策研究（2020—2021 年度）启动会在京召开。课题组国际专家分别结合联合国环境规划署以及欧盟、瑞典、日本等国家的相关政策、制度和实践经验、最新工作进展，为促进和完善各子课题的研究计划提出各自的建设性意见和建议。同年 12 月，国合会 2020 年圆桌会在深圳举行。会议指出，国合会 2020 年圆桌会以“创新型城市与大湾区绿色发展”为主题，聚焦气候智慧型城市和大湾区绿色建设，具有重要现实意义。会议认为，城市是经济增长和减少碳排放的主战场，要实现 2060 年前碳中和目标，中国应协同推进经济增长、生态修复、污染防治和碳减排，制定碳减排目标、时间表和路线图。城市创新的实质是绿色发展的创新，要推广具有经济社会效益的绿色技术，调动各个城市的积极性、创造性，在 2030

年前碳达峰和2060年前碳中和目标框架下，制定符合当地实际、行之有效的政策和措施，通过绿色城市化释放中国经济增长动能。

2.2.2.4　社会智库

依托社会力量，重点与相关国家、地区、组织或企业合作，进行相关课题的研究，为其提供应对气候变化、发展经济、核心技术等方面的解决方案和研究报告。

(1)盘古智库

机构简介：盘古智库成立于2013年，总部位于北京，是由中外知名学者共同组成，植根于中国的公共政策研究机构。盘古智库秉持"天地人和、经世致用"的理念，以"客观、开放、包容"的态度，致力于推动中国社会的现代化发展进程。盘古智库以思想之力坚定参与实现中华民族伟大复兴的历史进程，是中国梦的实践者，是构建人类命运共同体的助推者。

该智库聚焦"一带一路"沿线国别研究与民间外交、区域产业与新经济、老龄社会、宏观经济与金融等领域的研究。作为主要发起单位，盘古智库倡议成立了由来自中国、美国、德国、意大利、印度、新加坡、加拿大等国家和地区的近二十家一流智库组成的全球治理智库连线，大大提高了中国智库在全球治理中的话语权。

活跃动态：2019年7月，盘古智库及海南亚太观察研究院联合举办了"全球气候变化及其对印度影响"研讨会。中印学者就核能利用、政府应对气候变化的政策、"印度制造"与环境问题、垃圾填埋等话题进行了深入交流。双方一致认为，中印两国若能在气候问题上广泛协同合作，共同应对阻力，不仅可以推动两国资源及环境问题的改善，还能对全世界解决相关问题起到重要促进作用。同时，应对气候变化，不仅需要政府间合作，还需要国家、企业、民众多层面共同发力。

(2)中国能源研究会

机构简介：中国能源研究会成立于1981年1月，是由中国能源科技与管理工作者和能源领域的企事业单位组成的学术团体，是中国科学技术协会的组成部分。中国能源研究会以国家战略思想和战略方针为主线，坚持“研究、咨询、服务、交流”的定位，团结能源领域的科技工作者，发挥能源科技智库的作用，积极开展能源领域重大政策和课题研究，服务能源科技进步和体制机制创新，推动国内外的学术交流与合作，成为国家能源管理部门与企业联系的桥梁和纽带，是中国能源领域最具影响力的学术团体之一。2014 年，研究会成为国家能源局第一批 16 家研究咨询基地之一，也是唯一一家入选的学术团体，为政府决策、部署能源工作发挥了积极作用。

该研究会主要围绕开展能源领域政策、管理和科技方面的学术研究与推广；接受各级政府部门和企事业单位的委托，开展能源政策、规划、法规和科技项目的研究咨询评估；开展国内外学术交流、能源科学知识与技术普及；收集交流能源信息，编辑学术刊物；总结表彰能源领域先进技术与创新，反映各方重大诉求；开展社团标准制定，提供能源管理技术服务和培训。

活跃动态：2018 年 9 月，为更好地践行能源生产与消费革命，通过智慧能源带动新模式、新技术、新业态，推动盐城乃至江苏绿色智慧能源产业发展，由中国能源研究会指导，盐城市人民政府与远景科技集团共同发起的“2018 盐城绿色智慧能源会议”在盐城举办，英国前首相戴维·卡梅伦受邀出席大会并作主题演讲。同年 11 月，中国能源研究会在北京国际会议中心召开以“中国能源高质量发展”为主题的年会。为推动中国能源创新发展、高质量发展，中国能源研究会将在更好地保障中国能源战略安全、切实提高能源整体效率、着力提高能源企业核心竞争力、推动互联网＋智慧能源发展、更好地满足人民群众美好生活用能需求、巩固提升国际能源合作六个方面开展深入研究。2019 年 12 月，第二十五届联合国气候变化大会在马德里举行。中国能源研究会有关专家参加了会议，并就“气候变化问题的经济账应该怎么算”“低碳发展如何推进经济高质量发展”等议题同与会代表展开了深入讨论和交流。2020 年 1 月，中国能源研究会有关专家参加了第六届中国能源模型论坛年会，参与讨论了 2050 低排放发展战略、碳市场、气候变化和“一带一路”等主题，分享了气候变化与模型领域的国际前沿信息。

(3)中国(深圳)综合开发研究院

机构简介：中国(深圳)综合开发研究院又称“中国脑库”，是经国务院总理批准成立、在业务上接受国务院研究室指导的独立研究咨询机构。综合开发研究院从1989年成立起，即以改革试验者的面貌出现，是中国研究咨询机构中最先尝试市场化运作的“先行者”，是目前中国研究咨询业中规模最大、积累经验最丰富、提供服务最完善、运作最成功的机构之一，是首批被列入全球百家著名脑库的中国机构。该研究院是一个综合研究咨询机构，主要以研究为依托进行广泛深入的咨询服务。它的咨询服务不仅面向中央政府、地方政府以及各种社会团体，而且面向企业以及个人。

活跃动态：近年来，中国(深圳)综合开发研究院通过改革完善内部治理，致力于建设新型智库：充分发挥理事会领导作用和首席专家作用，从实践和探索一线中发现问题并提炼选题方向，每年完成国家部委、地方政府和国际政策咨询项目200多个；建立课题组长负责制，课题组成员打破固有团队建制，根据课题专业方向和研究兴趣灵活组合；建立选题月度务虚会制度；探索形成“1个方向性课题＋N个高度相关的课题”的选题和研究模式；设立深圳市综研软科学基金，为战略性、储备性课题的基础研究提供资助；建立市场化的人才引进机制。市场化引进海外留学人员参与智库研究，建立海外名校实习生机制；从项目做起，通过项目选好、用好智库人才；注重培养年轻人、用好年轻人，启用资深研究员对年轻人传帮带；注重复合型团队建设，在原来以经济管理专业为主的基础上，引进国际关系学、社会学、规划设计等各类人才。

(4)中国与全球化智库

机构简介：中国与全球化智库(Center for China and Globalization，简称CCG)，是中国领先的国际化智库，成立于2008年，总部位于北京，在国内外有十余个分支机构和海外办事处，拥有全职智库研究和专业人员百余人，致力于全球化、全球治理、国际经贸、国际关系、人才国际化和企业国际化等领域的研究。成立十余年来，CCG已成为中国具有全球影响力的推动全球化的重要智库。在世界最具权威性的美国宾夕法尼亚大学《全球智库报告2019》中，CCG位列全球顶级智库百强榜单第七十六位，连续三年跻身世界百强榜单，也是首个进入世界百强的中国社会智库，而且在国内外多个权威智库排行榜单评选中均被评为中国社会智库第一。

CCG秉承“国际化、影响力、建设性”的专业定位，坚持“以全球视野为中国建言，以中国智慧为全球献策”，致力于全球化、全球治理，国际经贸与投资，国际移民、人才与企业全球化，中美关系与中美经贸，国际关系，一带一路，智库发展等领域的研究。CCG一方面通过国家课题、政策报告和其他建言献策方式，影响和协助政府相关决策和制度创新；另一方面通过公众活动，设置议题，影响社会舆论达成公众共识，从而推动政策制定。

活跃动态：CCG每年出版10余部研究著作，包括与社科文献出版社合作出版的《中国企业国际化报告》《中国留学发展报告》《中国海归发展报告》《中国国际移民报告》《海外华人华侨专业人士报告》《中国区域人才竞争力报告》等具有国内外影响力的蓝皮书；CCG还承担国家多个部委的课题，举办多个论坛及智库研讨会。成立以来，CCG向中国政府有关部委提交过百余份建言献策报告，影响和推动政府的相关政策制定。2018年5月，CCG撰写的《世界智能制造发展报告》中英文版，由CCG高级研究员何伟文在2018年世界制造业大会上发布。该报告对智能制造及其相关领域产业发展具有很高的专业指导借鉴作用。2019年2月，CCG学术委员会有关专家参加了亚布力中国企业家论坛第十九届年会，并表示有三股力在影响今天的经济，三股力改变未来的经济。影响今天经济的三股力是：①增长周期的力；②结构的力，全球经济走向轻缓；③超级关联力，拉美股票市场和亚洲股票市场的关联性从来没有像今天如此密切。改变未来经济的三股力是：①老龄化，经济学不能解决的问题是老龄化；②气候变化，到2069年如果不给予任何控制，按照1.5℃增温的话，整个地球相当大的部分都会变得极度干燥、干旱和炎热；③人工智能，正在颠覆世界。2020年12月，CCG举办大使圆桌会议，以“十四五时期的中国与世界”为主题，对“十四五”规划中的国际合作新机遇、如何加强中国与非洲大陆自由贸易区合作等进行解读。CCG学术委员会专家介绍了中国“十四五”规划，六十余国大使、公使、参赞等驻华使馆代表就实践中的多边经济合作、跨境贸易和自由贸易区的前景等进行了分享与探讨。

(5)中关村绿色发展新型智库

机构简介：中关村绿色发展新型智库是为应对气候变化和推进绿色发展提供高端智库支持和解决方案而成立的，承担中关村绿色碳汇研究院专家顾问委员会的职能，为相关省市和其他国家、地区应对气候变化，改善生态环境，建设生态文明，推进绿色发展提供一流的高端智库支持和创新务实方案。该智库是响应中央关于加强中国特色新型智库号召而成立的中国民间第一个关于绿色发展的新型智库。

该智库主要任务有三个：第一，尽可能为国家有关决策、研究提供建议和意见；第二，通过成员间的交流，碰撞出新的火花，为新时代中国特色社会主义的全面的绿色发展、可持续发展、实现中国梦作贡献；第三，除了上接国家层面，中接管理层面，还要下接基层和大众，根据力量做好碳事业、绿色发展、生态文明的宣传普及。

活跃动态：2017年12月，由中关村绿色碳汇研究院主办的中国绿色发展研讨会暨中关村绿色发展新型智库成立大会上，与会专家围绕在应对气候变化、生态文明建设和践行绿色发展背景下，中国林业碳汇交易、生态文明与高等教育、城市低碳绿色转型和创新发展、新时期北京园林绿化规划与行动、全国森林经营规划与实践、中关村绿色碳汇新型智库建设等热点话题展开了探讨。2019年4月，该中心有关专家参加了首届“绿水青山论坛·从化大会”，并在“环境保护的中国智慧"分论坛上就二氧化碳减排发表了独到的看法。

2.3 气候变化智库影响方式

气候变化作为新兴的非传统领域安全问题逐渐受到国际社会的多方关注，各国气候变化智库在应对气候变化研究领域纷纷发挥了巨大的作用。诸多气候变化智库通过支撑气候变化谈判、参与编写IPCC报告、召开气候变化智库论坛、在高影响力媒体上发表智库观点等方式发出自己的声音。气候变化智库在全球应对气候变化进程中扮演越来越重要的角色。

2.3.1 支撑气候变化谈判

联合国政府间气候变化专门委员会（IPCC）是世界气象组织（World Meteorological Organization，简称 WMO）及联合国环境规划署于1988年联合建立的政府间机构，秘书处位于瑞士日内瓦。其目的是在全面、客观、公开和透明的基础上，评估与理解人为引起的气候变化、这种变化的潜在影响以及与适应和减缓方案的科学基础有关的科技和社会经济信息。IPCC自成立以来已发布五次评估报告（第六次评估报告也即将发布），为国际气候谈判提供了重要的科技支撑，发挥了显著的推动作用。同样，各国气候变化智库也可发挥类似于IPCC的作用，为IPCC的一系列工作提供支撑，对国际气候变化谈判产生一定的影响，也对政府气候变化政策和制度建设产生影响。各国气候变化智库还可通过国家课题、政策报告和其他建言献策方式，引导和协助政府推进应对气候变化等相关决策和制度创新。

2.3.2 参与编写 IPCC 报告

一直以来，中国的气候变化智库都在积极参与IPCC有关气候变化的工作。在IPCC历次评估报告的编写过程中，中国气候变化研究专家都做出了巨大贡献。1990年，第一次参与报告编写的中国作者为9人，1995年（第二次报告）至2014年（第五次报告）参与报告编写的中国作者分别为11、19、28、43人，参与人数显著增加。IPCC的第六次评估报告（包括三份特别报告和一份国家温室气体清单方法报告）编写人员中，中国作者达60名，数量居发展中国家首位。截至2018年，已经有148名中国科学家成为IPCC的主要作者。中国科学家已连续四届担任IPCC评估报告第一工作组联合主席，其中，丁一汇院士担任三次评估报告第一工作组联合主席，秦大河院士担任第四次、第五次评估报告第一工作组联合主席，中国气象局翟盘茂研究员担任第六次评估报告第一工作组联合主席。在IPCC第五次评估报告就气候变化归因、危险水平等关键结论的表述，以及在发展中国家、发达国家分类等重大问题上，中国的科学家们力争维护IPCC报告的客观性，并从科学的角度维护中国和广大发展中国家的权益，广泛开展应对气候变化专题科普宣传，提高社会各界应对气候变化意识。中国科学家的广泛参与，一方面有利于把中国气候变化智库取得的关于气候变化及其应对的科学成果、观点方案和建议纳入国际治理的进程；另一方面也有利于中国气候变化智库借鉴国际最新科技成果，推动国内应对气候变化工作和科学研究的发展。

2.3.3　召开气候变化智库论坛

气候变化是全球性问题，仅通过一国政府、企业或民间团体的作用不足以应对其主要挑战。近年来召开的气候变化智库论坛尽可能将各个领域的学者、专家、政府、企业等汇集在一起，提供具有科学依据的、合理的政策建议。以斯坦福大学能源建模论坛（Energy Modeling Forum，简称EMF）为例，其成立初期一直致力于能源与经济增长、能源价格与市场等相关研究，随着能源消费带来的环境问题日益凸显，逐步开展环境与气候变化等相关问题研究。EMF通过提供一个交流平台，把能源和气候变化方面专家聚在一起，针对某一特定问题进行讨论与交流。

2018 年 7 月 25 日，由中国科学院西北生态环境资源研究院、中国 21 世纪议程管理中心、国务院参事室当代绿色经济研究中心、中国人民大学重阳金融研究院、西部资源环境与区域发展智库联合主办的第四届环境与发展智库论坛在兰州举办。论坛以科技应对气候变化为论坛讨论的热点，围绕气候变化科学探索、气候谈判国际博弈、气候治理战略展望三个方面，系统研讨了科学认识气候变化问题的重要性、国际谈判博弈中各国合作与竞争的本质以及当前应对气候变化的主要科技手段。与会专家认为，应对气候变化研究归根到底要靠科技、机理探索和模式开发的理论作为研究基础，数据集成和战略研究的能力建设作为支撑，减缓和适应技术的研发示范作为关键。2019 年 12 月 2 日，由国家应对气候变化战略研究和国际合作中心主办的“第七届全球气候变化智库论坛——气候变化经济学的最新进展”在《联合国气候变化框架公约》第 25 次缔约方大会“中国角”召开。此次论坛达成了以下共识：一是中国政府高度重视生态文明建设和应对气候变化工作。气候变化不仅是自然科学的重要领域，也与经济学密切相关。二是全球气候变化会给世界各国带来严重的经济损失和社会灾难。三是应对全球气候变化、控制温室气体排放，必须实现经济的绿色低碳转型，并成为经济新的增长动力。

以上各相关论坛表明，在气候变化问题日益急迫的当下，气候变化的经济账应该怎么算是社会公众和决策者们重点关注的问题。因此，召开气候变化智库论坛可以促进学者间交流，实现信息互通，对当前气候变化热点问题提出高效合理的学术性处理方法和相应的对策建议。

2.3.4 在高影响力媒体上发表智库观点

在当前形势之下，气候变化智库在气候变化领域为中国参与全球气候治理、争夺国际话语权、争取国家利益方面大有可为。气候变化智库不再单单是科研技术部门，而要将格局上升为国家内政外交建言献策的气候变化智库。气候变化智库可以利用自身科学研究能力的优势，将有关气候变化的科学研究成果，转化为各类政策型文件，提交给党中央、国务院。这是积极响应参与全球气候治理的重要举措，这也是气候变化智库对自身职能定位的一次重要转变。这种转变意味着，国家在全球争夺话语权、争取国家利益方面又添加了新的力量；这种转变也意味着，气象部门未来长远的发展趋势；这种转变同样意味着，气候变化智库在新形势下的重要价值所在。

成功的气候变化智库不仅需要提出富有见地的观点，更要有能力将自己的观点扩散出去，以便直接产生社会影响、生成政策议题。为此，国外气候变化智库一般在人员与业务等各个方面都同政界、学术界和大众媒体保持着积极而富有活力的互动。通过形式各异的互动，智库观点很容易在所在国家、区域甚至全世界范围内得到广泛传播，对不同国家和地区的政策进程与社会民意产生深刻影响。智库的观点意见和研究报告往往会受到媒体高度重视，智库学者在媒体上刊登的许多文章会被翻译为多种文字，助推其观点的扩散和传播。当前国际顶级气候变化智库几乎都能高效利用互联网传播其观点和主张。这些智库常常立足自身网站，通过文字、图片、录音和录像等多种形式，直接依托网络向生活在世界各地、背景性质各异的受众发布信息并传播自身观点。

值得注意的是，随着中国在国际舞台上的地位日趋重要，除英文外，一些国际顶级气候变化智库已经建立了中文网站，或者已经开始使用中文在其官方网站上提供部分内容。例如，被业界人士视为世界头号智库的美国布鲁金斯学会，不仅在主页上直接开设了可供浏览者直接查阅中文内容的入口，还与清华大学联合建立了清华-布鲁金斯公共政策研究中心，并通过该中心的中文网站发布了许多研究成果。此外，在互联网时代，气候变化智库愈发注重使用多种社交媒体积极扩散其主要观点，以求吸引更加广泛的社会关注。在高影响力媒体和期刊上发表智库观点，是连接气候变化智库建设和学术研究的重要平台，在拓展智库权威性和国际影响力方面具有举足轻重的地位，也是建设中国气候变化智库的客观要求和未来发展趋势。

2.3.5 多渠道传播智库成果

目前,气候变化智库成果类型主要包括:①纸质成果,包括专著书籍、研究报告、期刊论文、会议论文等。②多媒体产品,主要有音频文章、交互式图形和幻灯片、影片、与气候变化相关的实时报道等。③互联网产品,指通过气候变化智库网站,及时发布的气候变化相关的实时报道或观点。④相关发布会与论坛,指通过邀请国内外相关领域专家与机构,在学术论坛上发布的相关研究成果,以扩大影响,加大话语权。从范围上看,尽管这四类成果的侧重各有不同,但基本上覆盖了智库成果的所有可能形式。气候变化智库应丰富成果类型,并合理分配不同成果类型在所有成果中的比例,具体来说可通过对自身以往评价信息的梳理,发现短板,从而有针对性地调整,有利于提高智库排名和自身的实际影响力。比如,如果一个气候变化智库的政策影响力很强,但学术影响力不高,就需要强化在学术论文方面的产出;如果一个气候变化智库的学术影响力很强,但决策影响力不高,就需要强化报告类成果的产出。对中国气候变化智库而言,还应注意国际合作和国际发表,与国外机构合作开展研究,提供研究成果的国际版本,有助于提升自身的国际影响力。一项智库成果的影响力,取决于其自身的质量,而一项高质量的智库成果,又有着一些基本的特征。因此,对气候变化智库中的具体研究人员而言,对各智库评价体系有所了解,对高质量智库成果的若干标准有所了解,会有助于其取得高质量研究成果。在媒体融合的大潮下,各智库应推动传统媒体和新兴媒体融合发展,大力创新内容、组织与平台,完善科研和学术期刊评价体系,加强期刊网站建设,突出办刊特色,完善栏目设置,综合利用大型学术网络平台、主流门户网站、期刊集群网络平台、博客、微博等方式多渠道传播学术成果和思想创新;在内容上针对不同渠道的传播特点,对纸质内容进行再加工,充分使用文、图、声、光、电等综合表现形式,对传播内容进行全方位、多侧面的立体式展示。

参考文献

财经国家周刊,2016. 智库如何扩展影响力[EB/OL]. [2016-02-15]. https://www.sohu.com/a/58940636_115880.

丁仲礼,傅伯杰,韩兴国,等,2009. 中国科学院"应对气候变化国际谈判的关键科学问题"项目群简介[J]. 中国科学院院刊,24(1):8-47.

何建坤,2017. 全球气候治理新形势下中国智库的使命[J]. 科学与管理,37(4):1-3.

胡岩,2018. 智库成果如何评价——基于4种智库评价体系的研究[J]. 智库理论与实践,3(5):19-25.

李伟,2009. 全球气候变化、低碳经济与碳预算[J]. 国际展望(2):69-81,7.

聂峰英,2019. 特色专业化高校智库的国际经验借鉴及启示——以气候变化智库为例[J]. 智库理论与实践,4(1):30-37.

皮书研究院,2015. 中国智库名录[M]. 北京:社会科学文献出版社.

上海社会科学院智库研究中心,2016. 2015年中国智库报告——影响力排名与政策建议[M]. 上海:上海社会科学院出版社.

孙颖,秦大河,刘洪滨,2012. IPCC第五次评估报告不确定性处理方法的介绍[J]. 气候变化研究进展,8(2):150-153.

田丰,2016. 媒体融合背景下的新型智库类学术期刊建设[N]. 光明日报,2016-04-16.

王文,李振,2016. 中国智库评价体系的现状与展望[J]. 智库理论与实践,1(4):20-24.

魏一鸣,王兆华,唐葆君,等,2016. 气候变化智库:国外典型案例[M]. 北京:北京理工大学出版社.

杨文博,2014. 转型时期民间智库发展与社科类社团建设关联性研究[J]. 云南社会主义学院学报(2):396-397.

于新文,张洪广,胡鹏,等,2019. 气象改革开放40周年[M]. 北京:气象出版社.

朱旭峰,2016. 智库评价排名体系:在争议中发展完善[N]. 光明日报,2016-02-03.

朱玉洁,李博,张洪广,等,2016. 中国特色气象智库建设初探[J]. 气象软科学(2):22-28.

第3章　中国气候变化智库评价

为了鼓励智库的发展，中共中央办公厅、国务院办公厅先后印发《关于加强中国特色新型智库建设的意见》(2015)和《关于社会智库健康发展的若干意见》(2017)等政策性文件，为智库发展提供了良好的政策支持。在这个大背景下，中国智库如雨后春笋般建立，并逐渐呈现产业化的发展趋势。未来中国智库将进入高质量发展阶段，这离不开管理体制的创新发展，也离不开科学合理的智库评价体系。为了规范和引导智库的健康发展，建立科学合理的智库评价体系变得尤为紧迫。

当前国内外已经在使用的一系列智库评价方法基本上分为三类：一类是定性分析法，比如美国宾夕法尼亚大学詹姆斯·麦甘教授主持的智库研究项目——TTCSP。该项目每年发布的《全球智库报告》就是采用专家评议为主的定性分析法。第二类是定量分析法，比如清华大学公共管理学院发布的《中国智库大数据报告》，对收集的评价数据通过相应的公式计算，进行定量分析，但此类智库评价方法基本上侧重于对智库某一方面性质进行评价，并不是对智库整体进行评价。第三类是定性和定量相结合的方法，比如上海社会科学院智库研究中心每年发布的《中国智库报告》，采用以定性评价为主、定量评价为参考的评价方式对中国智库进行分类评价。

本章学习借鉴国内外先进智库评价方法，设计出一套定性分析和定量分析“双管齐下”的智库评价指标体系，尝试探索对中国气候变化智库进行评价。开展气候变化智库评价一方面有利于理解气候变化智库在应对气候变化政策制定中的作用、策略及局限性，另一方面通过分析气候变化智库评价的方法体系，有助于引导气候变化智库发展，提升气候变化智库服务决策的途径，凝聚气候变化智库发展共识，因而具有重要的现实意义。但是如何能够较为全面真实地评价气候变化智库的影响力，是学术界需要积极探讨的一个问题。本章旨在通过对现有智库评价指标的分析，明确建立中国气候变化智库评价体系的路径和角色，设计出一套以影响力为核心的气候变化智库评价体系。通过评价体系加强智库认同感、激励智库自觉性和提高智库认可度，从而实现智库建设与智库评价的良性互动，推动中国气候变化智库向更高水平发展。

3.1　气候变化智库评价指标框架设计

本章设计的气候变化智库评价指标体系，从智库发展的理念层面切入，根据智库发展的基本理念设计出基本的评价指标框架，根据该框架进行分类评价。评价方法分别采用专家评议即定性分析方法，以及客观评价即定量分析方法。评价过程利用问卷调查和实地调研相结合的方式进行。

一个智库应具备发展能力、思想能力、传播能力、影响能力四个能力，这四个能力按照一个金字塔的方式，从底端向顶端分为四个层级。其中，发展能力是基础性价值，思想能力是关键性价值，传播能力是保障性价值，影响能力是核心性价值。通俗地理解，一个智库要能够持续发展，首先要提升自身的发展条件，然后产出有价值的思想智慧，还要具备有效的发声渠道和传播手段，最终目标是要能产生政策影响。

因此，在四个能力的基础上，设立四个一级指标，分别为：基本成长力、政策研究力、信息传播力、公共影响力，如图3.1所示。最初设想的整体框架是，根据以上四个一级指标，分别设立相应的二级指标和三级指标，如表3.1所示，共有7个二级指标和39个三级指标。

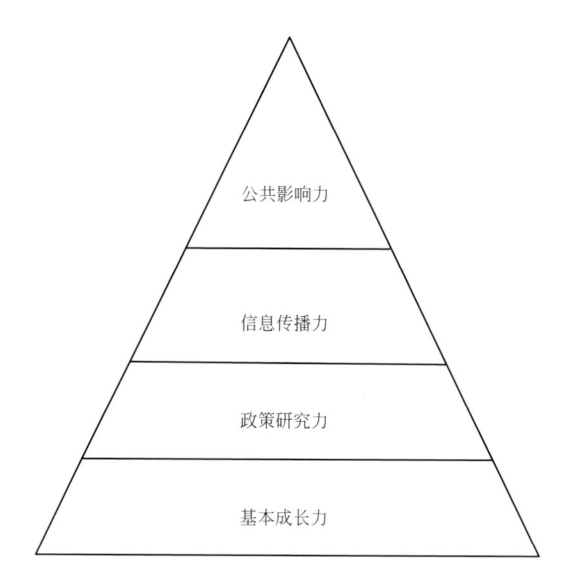

图 3.1　指标评价体系框架图

表 3.1　初始中国气候变化智库评价指标体系

<table>
<tr><th>一级指标</th><th>二级指标</th><th colspan="2">三级指标</th></tr>
<tr><td rowspan="7">基本成长力</td><td rowspan="5">内部资源调配力</td><td>1</td><td>领军型人才占总人数比例(%)</td></tr>
<tr><td>2</td><td>副高级以上职称人员占总人数比例(%)</td></tr>
<tr><td>3</td><td>硕士以上研究人员占总人数比例(%)</td></tr>
<tr><td>4</td><td>研究经费规模(万元/年)</td></tr>
<tr><td>5</td><td>研究经费来源中财政资助占比(%)</td></tr>
<tr><td rowspan="2">内部组织运行力</td><td>6</td><td>智库成立年限(年)</td></tr>
<tr><td>7</td><td>行政级别(省部级/厅局级/县处级/县处级以下)</td></tr>
<tr><td rowspan="8">政策研究力</td><td rowspan="3">基础学术研究力</td><td>8</td><td>年度发表学术论文数量</td></tr>
<tr><td>9</td><td>年度研究项目数量(个人申请)</td></tr>
<tr><td>10</td><td>年度出版专著数量</td></tr>
<tr><td rowspan="5">公共政策研究力</td><td>11</td><td>中央和国家交办的研究项目数量</td></tr>
<tr><td>12</td><td>上级部门交办的研究项目数量</td></tr>
<tr><td>13</td><td>地方政府交办的研究项目数量</td></tr>
<tr><td>14</td><td>自主研究提交的咨询报告数量</td></tr>
<tr><td>15</td><td>自主研究提交的调研报告数量</td></tr>
</table>

续表

一级指标	二级指标	三级指标	
信息传播力	公共媒体利用力	16	微信、微博关注人数总量
		17	微信、微博年度发布文章总量
		18	微信、微博年度文章阅读数总量
		19	微信、微博年度文章点赞数总量
		20	微信、微博年度文章转发数总量
		21	微信、微博年度文章评论数总量
		22	智库中文名在国内搜索引擎上的搜索量
		23	智库主页年度点击率总量
		24	国家主流媒体年度发表文章数量
		25	地方主流媒体年度发表文章数量
		26	具有重大影响的媒体报道数量
公共影响力	决策影响力	27	年度国家级领导批示数量
		28	年度省部级领导批示数量
		29	年度全国政协、人大及国家部委议案采纳数量
		30	年度地方政协、人大及国家部委议案采纳数量
		31	年度组织或参与国家级发展规划研究、起草与评估数量
		32	年度组织或参与省部级发展规划研究、起草与评估数量
		33	年度国家级政策咨询会、听证会次数
		34	年度省部级政策咨询会、听证会次数
	国际影响力	35	理事会/学术委员会中聘请外籍专家的人数
		36	外籍专家参与年度学术论坛人数
		37	年度与国际智库合作项目数
		38	国际主流媒体年度发表评论文章
		39	被国际著名智库官网链接数

但是在研究过程中发现，这样的指标设定有些烦琐，某些三级指

标会有重复的情况，而且对于后续根据三级指标来设计的调查问卷也繁复，不利于信息的收集。因此，需要对评价指标框架进行修正。修正后的指标框架中，一级指标保持不变（因为智库发展的四个重要条件并不改变），仍为基本成长力、政策研究力、信息传播力、公共影响力。在这四个一级指标之下，取消原有的二级指标，直接将原有的三级指标提升为二级指标，并将最终的二级指标精简为 21 项，如表 3.2 所示。

表 3.2 修正后的中国气候变化智库评价指标体系

一级指标	二级指标	
基本成长力	1	在职研究人员总数
	2	副高级及其以上职称的人数比例
	3	硕士及其以上学历人数比例
	4	本年度总研究经费
	5	机构成立年限
政策研究力	6	本年度发表正式期刊学术论文数量
	7	本年度出版专著数量
	8	本年度各类研究项目数量
	9	本年度中央和国家交办的研究任务数量
	10	本年度上级部门交办的研究任务数量
	11	本年度提交的咨询报告和调研报告数量
信息传播力	12	机构所有微信、微博关注人数总量
	13	机构所有微信、微博年度发布文章总量
	14	本年度在报纸、刊物等媒体发表文章数量
	15	本年度媒体报道本机构数量
公共影响力	16	本年度获省部级以上领导批示数量
	17	本年度申请专利及软件著作权数量
	18	本年度组织省部级以上会议次数
	19	本年度组织国际会议次数
	20	本年度接待外籍专家来访人次
	21	本年度出国访问人次

后续通过调查问卷获取智库机构的相应数据，就按照表3.2的指标框架进行。当然，该指标框架也并不完美，还需要不断地改进和完善，这也是智库研究的一项重要内容。下面对该指标框架进行相应的说明。

3.1.1 基本成长力

基本成长力反映的是智库的发展能力，是智库的基础性价值体现，目的是表述智库在人才质量、财力支撑等方面的内容。因此将基本成长力定为第一个一级指标，权重设为0.15。每一个一级指标下的二级指标会设定一个权重，并采取加权平均的方法对该一级指标的分数进行计算。本一级指标包含5个二级指标，分别为：在职研究人员总数、副高级及其以上职称的人数比例、硕士及其以上学历人数比例、本年度总研究经费、机构成立年限。权重依次设为0.1，0.3，0.25，0.2，0.15。

3.1.2 政策研究力

政策研究力反映的是一个智库机构的思想能力，是智库的关键性价值体现，目的是表述智库的研究能力和学术水平。因此将政策研究力确立为第二个一级指标，权重设为0.4。本一级指标包含6个二级指标，分别为：本年度发表正式期刊学术论文数量、本年度出版专著数量、本年度各类研究项目数量、本年度中央和国家交办的研究任务数量、本年度上级部门交办的研究任务数量、本年度提交的咨询报告和调研报告数量。权重依次设为：0.1，0.1，0.1，0.2，0.2，0.3。

3.1.3 信息传播力

信息传播力反映的是一个智库机构对自身研究成果的对外传播能力，体现的是智库的保障性价值，目的是表述智库如何利用新媒体对外宣传。因此将信息传播力确立为第三个一级指标，权重设为0.2。本一级指标包含4个二级指标，分别为：机构所有微信、微博关注人数总量,机构所有微信、微博年度发布文章总量,本年度在报纸、刊物等媒体发表文章数量,本年度媒体报道本机构数量。权重依次设为:0.15,0.15,0.4,0.3。

3.1.4 公共影响力

公共影响力反映的是一个智库机构自身研究成果的对外影响能力,是智库的整体能力的最重要体现,是智库的核心性价值。因此将公共影响力确立为第四个一级指标,权重设为0.25。本一级指标包含6个二级指标,分别为:本年度获省部级以上领导批示数量、本年度申请专利及软件著作权数量、本年度组织省部级以上会议次数、本年度组织国际会议次数、本年度接待外籍专家来访人次、本年度出国访问人次。权重依次设为:0.3,0.1,0.2,0.2,0.1,0.1。

3.2 气候变化智库评价方法

本书将中国气候变化智库分为四类,分别为:官方智库、高校智库、合作智库和社会智库,并按照类型确立了67家气候变化智库机构(表2.1)。本章所设计的智库评价指标体系主要针对这些智库进行。具体的评价方法分为机构问卷调查法和专家评议法。这是一套“双管齐下”的评价方法,机构问卷调查法作为定量分析,专家评议法作为定性分析。在后续的评价结果分析中,将采取两种方法结合分析的方式进行。

3.2.1 机构问卷调查法

机构问卷调查法首先是在智库评价框架中,将每一个一级指标下的二级指标设计为调查问卷的问题,并针对每一个问题设定四个选项,按照数量递增的方式进行排列。比如一级指标“基本成长力”下的二级指标“在职研究人员总数”,将其设定为一个问题,并设计几个选项,分别为“A. 50人以下”“B. 50～100人”“C. 100～200人”

“D. 200 人以上”，并将选项A赋值25分，选项B赋值50分，选项C赋值75分，选项D赋值100分。其他二级指标转化成的调查问卷选项，都按照类似的方式进行设计和赋值。

每一个一级指标下的二级指标会设定一个权重，并采取加权平均的方法对该一级指标的分数进行计算。得到的分数就是该一级指标的分数，是分别对每一个一级指标的评价。另外，还要进行综合评价，即对每一个一级指标也设定一个权重，并采取加权平均的方法得到最终的综合得分。以上方法分别针对每一个参与调查的智库机构进行评价（具体机构调查问卷见附录1）。

需要特别指出的是，研究初期采取的并不是选择题的方式设计机构调查问卷，而是填空题。直接获取被调查机构填写的数据后，通过归一化处理、加权平均等一系列计算，得到最终的得分。这样做的好处是由于有准确的数据，使得被调查的结果可信度较高。然而，事实情况是难以获取全部需要的数据。有两方面原因，第一是具体的数据往往具有不公开性，被调查机构对这类问题较敏感，可能不便提供；第二是填空题的方式会使得填写问卷者产生厌烦心理，可能不会认真填写全部问题。

在与智库研究相关专家探讨之后发现，目前的选择题方式虽然不会取得具体的数据，但是只要范围正确，就不会影响调查结果的准确性，而且由于不涉及敏感的数据，填写者就不会存在心理负担，容易获取真实数据。此外，选择题的方式使得填写问卷者耗时较短，一般不会产生厌烦心理。因此，本书最终采取选择题的方式设计机构调查问卷。

3.2.2 专家评议法

专家评议法是一种定性分析法。具体实施时，首先邀请一批气候变化领域研究专家，组成评议专家组，作为评价客体；将选定的67家气候变化智库机构（表2.1），作为评价主体，提供给专家们选择。

另外，还会提供给专家组成员一份气候变化智库评价标准供参考。

参考范围涉及智库机构的基本成长力、学术研究力、政策研究和决策影响力、信息传播力、国际影响力等内容(具体专家调查问卷见附录2)。

专家依靠本人的主观经验,参考气候变化智库评价标准选择出综合实力排名前十位的气候变化智库。同时还将按照官方智库、高校智库、合作智库和社会智库的分类,分别选择出排名前十位的气候变化智库。为了给予专家组充分的自由度,智库的排名不局限于智库备选池。如若某些并不在智库备选池中的智库机构,专家们认为也应上榜,也非常鼓励进行推荐。

专家评议法是机构问卷调查法重要的补充和参照,在后面章节对评价结果的分析中,将详细对比两种结果,并给出分析和相应的结论。

3.3 中国气候变化智库评价系统

3.3.1 系统简介

为便于长期持续跟踪智库评价有关研究,研究组专门开发了"中国气候变化智库评价系统"。该系统是一个综合指标分析平台,采用B/S模式开发设计。该系统基于机构问卷调查法,以气候变化智库评价体系中的四个能力指标(基本成长力、政策研究力、信息传播力、公共影响力)以及下设二级指标为基准,集问卷数据存储与查询、可视化展示和统计分析于一体。该系统为气候变化智库研究人员打造了良好的系统工作平台,为后期有关智库评价统计分析工作提供了便利的环境基础。后续研究组还会进一步完善该系统,将专家评议法中的专家调查问卷也纳入系统中进行统计分析。

3.3.2 系统的软硬件要求

为实现中国气候变化智库评价系统的开发和使用,采用如下的开发与运行环境。

(1)开发环境

数据库服务器:SQL 2012。

软件编程工具:Visual Studio 2015。

操作系统:Windows Server 2012。

(2)运行环境

硬盘最低空闲:1 G。

内存最低配置:4 G。

主频:2.5 GHz。

网络:1 Mbps。

操作系统:Mac,Linux,Windows XP 或更高版本。

网页浏览器:IE 8.0 及其以上,Chrome,Firefox,Safari。

3.3.3 系统使用流程

(1)被评价智库机构使用流程

被评价智库机构可通过扫描二维码或者登录网站进入调查问卷系统(http://www.cccthinktank.top/q/a/1)填写问卷。二维码如图3.2所示,打开后即为附录1所示的中国气候变化智库机构调查问卷页面。一级指标分为四个部分:基本成长力、政策研究力、信息传播力和公共影响力。选项填好后点击提交即可保存,该界面利于被评价智库主观、便捷地操作。

图3.2 中国气候变化智库评价系统调查问卷二维码

(2)智库研究人员使用流程

图 3.3 为该系统智库研究人员登录界面。研究人员通过图 3.3 的系统登录界面输入自行建立的用户名和密码进入智库评价系统。前期待评价智库机构已将机构调查问卷所有问题与选项进行初始配置,如图 3.4 所示。后期研究人员即可查看各机构填写的问卷情况,并可通过统计功能进入到统计页面,统计页面中可以看到各级指标,并可对各项指标赋权重,还可将问卷数据导出保存,如图 3.5 所示。后续中国气候变化智库评价结果与分析,将使用该模块进行操作。

图 3.3　中国气候变化智库评价系统研究人员登录界面

机构问卷 / 配置 / 2020年中国气候变化智库机构调查问卷

题号	问题	类型	编辑	配置答案	删除
1	在职研究人员总数	下拉列表	编辑	配置答案	删除
2	副高级以上职称的人数比例	下拉列表	编辑	配置答案	删除
3	硕士及以上学历人数比例	下拉列表	编辑	配置答案	删除
4	本年度总研究经费	下拉列表	编辑	配置答案	删除
5	机构成立年限	下拉列表	编辑	配置答案	删除
6	本年度发表正式期刊学术论文数量	下拉列表	编辑	配置答案	删除
7	本年度出版专著数量	下拉列表	编辑	配置答案	删除
8	本年度各类研究项目数量	下拉列表	编辑	配置答案	删除
9	本年度中央和国家交办的研究任务数量	下拉列表	编辑	配置答案	删除
10	本年度上级部门交办的研究任务数量	下拉列表	编辑	配置答案	删除

图 3.4　中国气候变化智库评价系统调查问卷配置界面

机构问卷 / 问卷统计 / 2020年中国气候变化智库机构调查问卷

智库地理分布图			智库类型数量（饼图）					
指标类型	**指标名称**	**权重**	**排名(全)**	**排名(官方智库)**	**排名(高校智库)**	**排名(合作智库)**	**排名(社会智库)**	**统计图表**
综合指标			排名(全)	排名(官方智库)	排名(高校智库)	排名(合作智库)	排名(社会智库)	
一级指标	一、基本生长力	0.15	排名(全)	排名(官方智库)	排名(高校智库)	排名(合作智库)	排名(社会智库)	
二级指标	在职研究人员总数	0.1						统计图表
二级指标	副高级以上职称的人数比例	0.3						统计图表
二级指标	硕士及以上学历人数比例	0.25						统计图表
二级指标	本年度总研究经费	0.2						统计图表
二级指标	机构成立年限	0.15						统计图表

图3.5 中国气候变化智库评价系统调查问卷统计页面

3.3.4 系统的功能

该系统为统计提供了四大模块，分别是智库地理分布、智库类型数量、指标排名、各选项统计图表。每个功能模块都在智库评估分析方面发挥重要作用。

(1)智库地理分布

智库地理分布功能将每个被评价智库机构所在的区域，找到对应的坐标，并在地图上标记和统计形成可视化图。某地区随着智库数量的增加，颜色的标记发生不同的变化，颜色越深表明该地区智库数量越多。当研究人员用鼠标指向特定地区时出现悬浮信息窗口，会显示该地区存在几家智库。

(2)智库类型数量

智库类型数量功能按照官方智库、高校智库、合作智库和社会智库分类，将被评价智库机构填写的数据进行智库类型统计，最终形成以百分比为单位的智库类型饼图，如图3.6所示。

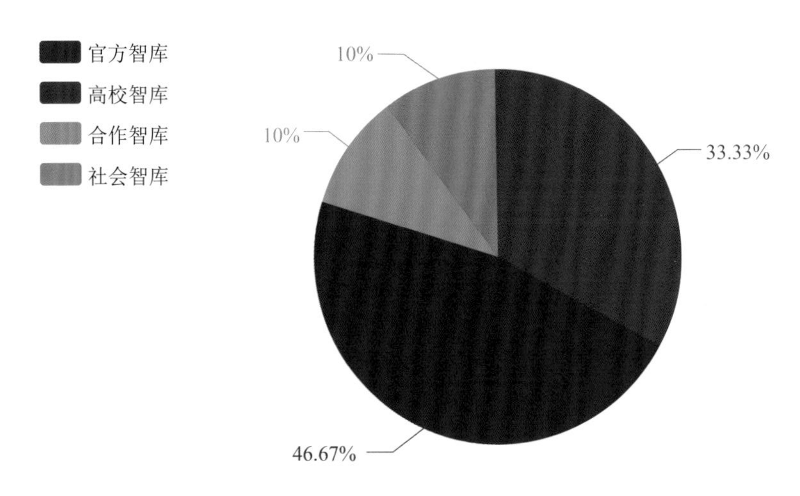

图 3.6 中国气候变化智库评价系统智库类型图

(3)指标排名

指标排名功能分为两个模块,分别是综合排名和类型排名。综合排名,就是针对四个一级指标(或针对每一个一级指标)进行综合加权平均,并就得分统计排名,如图 3.7 所示。类型排名是指根据评价指标按照四种智库分类排名。需要特别指出的是,图 3.7 中的智库机构排名和得分只是示例,不是真实情况,不具备参考性。

机构问卷 / 问卷统计 / 2020年中国气候变化智库机构调查问卷 -综合指标

单位名称	排名	得分
南京水利科学研究院(水利部应对气候变化研究中心)	1	89.25
生态环境部环境与经济政策研究中心	2	89.13
生态环境部环境规划院	3	87.19
盘古智库	4	80.44
国家发展和改革委员会能源研究所	5	78.75
中国社会科学院城市发展与环境研究所	6	78.63
中国科学院科技战略研究院	7	76.88
北京工业大学循环经济研究院	8	71.44
能源与环境政策研究中心	9	70.38
中国社会科学院数量经济与技术经济研究所	10	65

图 3.7 中国气候变化智库评价系统机构调查问卷综合指标排名示例

(4)各选项统计图表

各选项统计图表功能分为四大模块，分别是针对各选项的智库机构总体比例图、智库机构数量图、智库机构分布图、单独选项智库数量图。通过这四大模块对每一个二级指标进行详细的统计分析，从而对被评价智库机构进行综合评价和研究。智库机构总体比例图是对所有参与调查问卷机构的智库总体情况按选项A、B、C、D进行统计，形成的以百分比为单位的饼形图，如图3.8所示。智库机构数量图是根据选项A、B、C、D分别统计参与调查问卷机构的智库数量形成的柱状图，如图3.9所示。智库机构分布图是根据四种智库类型，对每类智库按照选项A、B、C、D进行统计智库机构的具体分布形成的柱状图。

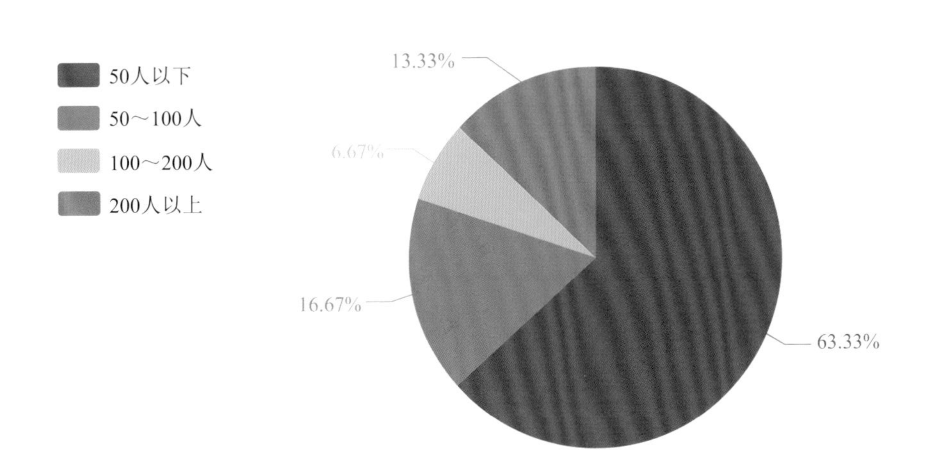

图3.8 各指标智库机构总体比例图

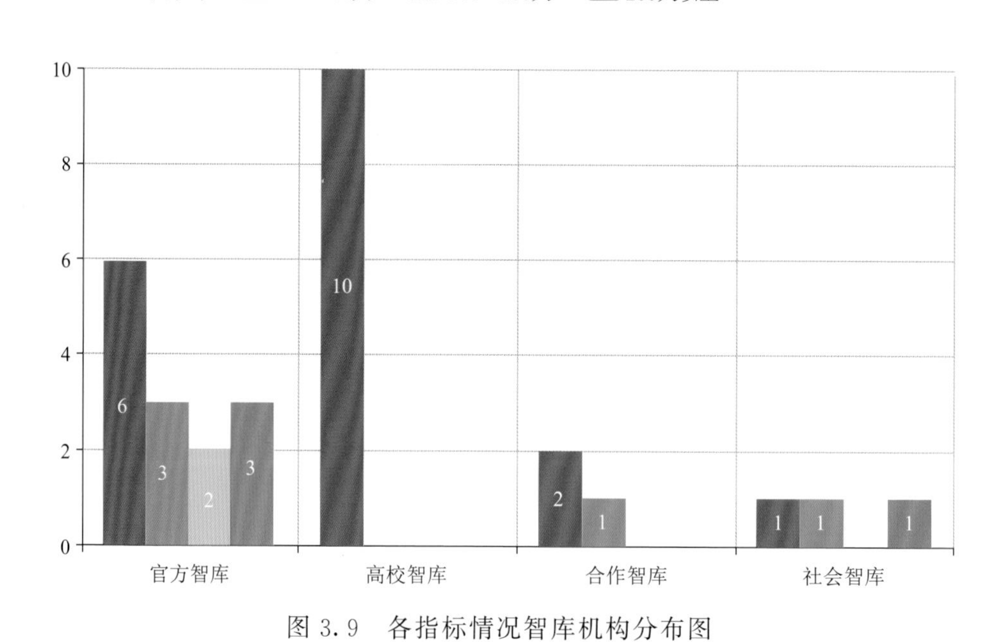

图 3.9 各指标情况智库机构分布图

参考文献

巢清尘，2016. 国际气候变化科学和评估对中国应对气候变化的启示[J]. 中国人口·资源与环境，26(8)：6-9.

孔放，2015. 国外智库评价的主要模式[N]. 新华日报，2015-07-10.

雷佳丽，郑军卫，2020. 智库评价与智库建设间关系及思考[J]. 情报科学，38(2)：102-108.

梁智学，2013. 基于 Google Maps API 的旅游信息系统设计与实现[J]. 计算机与现代化(7)：208-211.

刘登，赵超阳，魏俊峰，等，2016. 新型智库评估理论及评估框架体系研究[J]. 智库理论与实践，1(5)：10-17.

刘维，2012. 基于 RS 和 GIS 的江苏省重大农业气象灾害监测、预警系统的研究[D]. 南京：南京信息工程大学.

皮书研究院，2015. 中国智库名录(2015)[M]. 北京：社会科学文献出版社.

唐果媛，2016. 中美三份智库评价报告的比较分析[J]. 智库理论与实践，1(2)：88-96.

王斯敏，2016. 智库评价：要不要做，如何做好？[N]. 光明日报，2016-02-03.

王文，李振，2016. 中国智库评价体系的现状与展望[J]. 智库理论与实践，1(4)：20-24，71.

薛东，2018. 基于GIS技术的旅游信息系统数据库设计[J]. 电脑知识与技术，14(22)：12-14.

袁永，康捷，2020. 科技决策智库影响力要素理论研究[J]. 科技管理研究，40(11)：99-103.

周湘智，2020. 智库报告质量评价如何评价？[N]. 学习时报，2020-04-27.

朱旭峰，2016. 智库评价排名体系：在争议中发展完善[N]. 光明日报，2016-02-03.

第4章 中国气候变化智库评价结果与分析

本章根据第3章所设计的中国气候变化智库评价体系，分别利用定量的机构问卷调查法和定性的专家评议法对中国气候变化智库目前的发展现状进行分析。

首先，4.1节给出机构问卷调查法的结果分析，利用开发的中国气候变化智库评价系统，按照智库评价体系中的一级指标，即基本成长力、政策研究力、信息传播力和公共影响力进行分类，并在每项一级指标下对二级指标调查结果进一步分析。机构问卷调查法数据都以被评价智库机构2019年(后同)有关数据为准。其次，4.2节给出专家评议法的综合结果分析，分别涉及中国气候变化智库的整体情况以及四大类智库各自的评价结果。最后，在4.3节中利用综合机构问卷调查法与专家评议法，对中国气候变化进行综合评价。

研究过程中有以下问题需要说明：①由于各家智库对自身信息不同程度抱着谨慎的态度，机构问卷调查数据量和信息量均有限，因此本研究在综合两种分析方法评价智库时，更多地侧重专家评价法，以期通过更广泛、更综合、更多元的专家评价体系弥补机构调查问卷数据量和信息量的不足。②本章遴选出的智库机构排名没有先后顺序，统一按表2.1中国气候变化智库备选池的标准排序方法列示。具体各项分析结果如下。

4.1　机构问卷调查法评价结果及分析

机构问卷调查法将中国气候变化智库备选池的 67 家气候变化智库机构作为评价主体，对机构问卷调查结果进行定量分析。由于各家智库机构保密措施、信息壁垒、时间限制等方面的原因，在数据收集方面存在一定困难，本次共收到 30 份机构问卷调查回复，其中官方智库 14 家，高校智库 10 家，合作智库 3 家，社会智库 3 家。

目前收集到的机构调查问卷*中，气候变化智库主要分布情况如下：北京地区 23 家，江苏地区 3 家，广东地区 3 家，山东地区 1 家。

首先，通过对现有调查数据进行对比和分析，得到综合实力较强的前 10 家智库名单：国家发展和改革委员会能源研究所、生态环境部环境规划院、生态环境部环境与经济政策研究中心、国家应对气候变化战略研究和国际合作中心、中国科学院科技战略咨询研究院可持续发展战略研究所、中国社会科学院城市发展与环境研究所、中国社会科学院数量经济与技术经济研究所、北京工业大学循环经济研究院、能源与环境政策研究中心、盘古智库。

其次，在前文中将智库分为官方智库、高校智库、合作智库与社会智库四类，下面分别给出四类智库在机构问卷调查法中的结果：

(1)官方智库中综合实力较强的前 10 家名单如下：国家发展和改革委员会能源研究所、生态环境部环境规划院、生态环境部环境与经济政策研究中心、国家应对气候变化战略研究和国际合作中心、水利部应对气候变化研究中心、中国科学院科技战略咨询研究院可持续发展战略研究所、中国社会科学院城市发展与环境研究所、中国社会科学院数量经济与技术经济研究所、国务院发展研究中心资源与环境政策研究所、国家气候中心。

---

* 由于收集的调查问卷有限，个别知名度较高且实力较强的气候变化智库的数据没有获取到，因此没有入选本次机构问卷调查法评价名单，机构问卷调查法所得结论均以目前获取并收到反馈的 30 家气候变化智库机构为准。

(2)高校智库中综合实力较强的前5家名单如下:北京工业大学循环经济研究院、北京化工大学低碳经济与管理研究中心、北京航空航天大学低碳经济研究中心、清华大学全球可持续发展研究院、南京信息工程大学气候与环境治理研究院。

(3)合作智库与社会智库中综合实力较强的前3强名单如下:能源与环境政策研究中心、中国环境与发展国际合作委员会、盘古智库。

以上为机构问卷调查法各项评估指标的综合结果,下面分项给出各指标的定量分析。

4.1.1 基本成长力

基本成长力指标评价结果较强的前10家名单如下:国家发展和改革委员会能源研究所、生态环境部环境与经济政策研究中心、水利部应对气候变化研究中心、中国社会科学院城市发展与环境研究所、中国社会科学院数量经济与技术经济研究所、国家气候中心、北京工业大学循环经济研究院、清华大学全球可持续发展研究院、能源与环境政策研究中心、盘古智库。

(1)在职研究人员总数

智库机构在职研究人员总数整体偏少。首先,总体而言(图4.1),有超半数的中国气候变化智库机构在职研究人员总数在50人

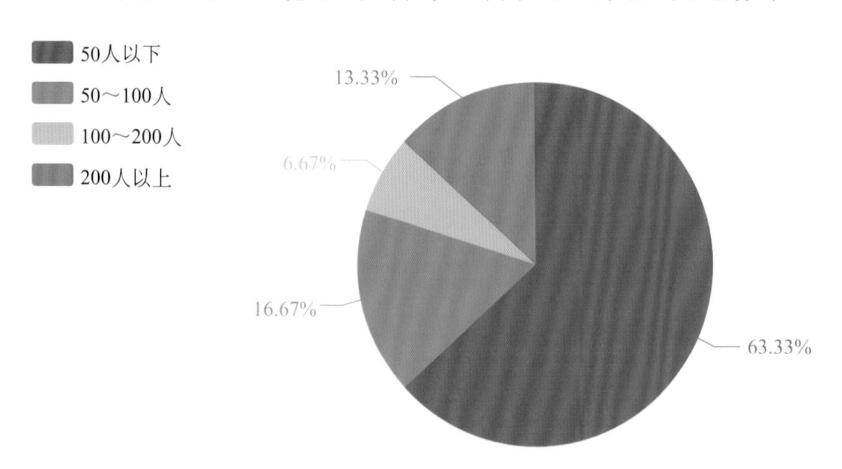

图4.1 在职研究人员总数比例图

以下，机构人员设置体量较小；但仍有13.33%的智库机构在职研究人员总数超过200人，属大型机构。其次，从分类来看(图4.2)，高校智库在职研究人员总数普遍较小，10所机构均在50人以下。但需要注意的是，高校智库的研究团队具有其特殊性，多为以导师为核心带领研究生组成的科研团队。研究生群体是思维活跃、产出丰富的科研生力军，但目前暂没有作为在职研究人员总数体现在本衡量指标中，这可能是造成高校智库在职研究人员总数整体偏少的原因。

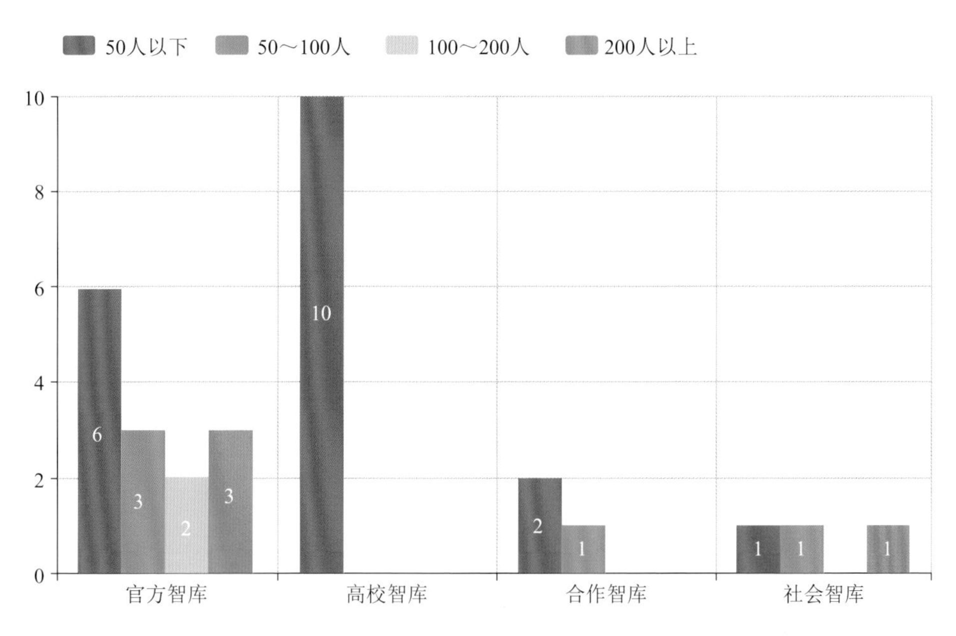

图4.2　在职研究人员总数的机构分布图

(2)副高级及其以上职称的人数比例

中国气候变化智库总体研究人员层次较高。首先，中国气候变化智库机构虽然在职研究人员数量总体较少，但副高级及其以上职称的人数超半数比例在50%以上，并且没有任何一家智库副高级以上职称人数在20%以下，总体来说研究人才层次较高(图4.3)。其次，90%的高校智库副高级及其以上职称人数超过半数，高校智库整体人才层次较高(图4.4)。

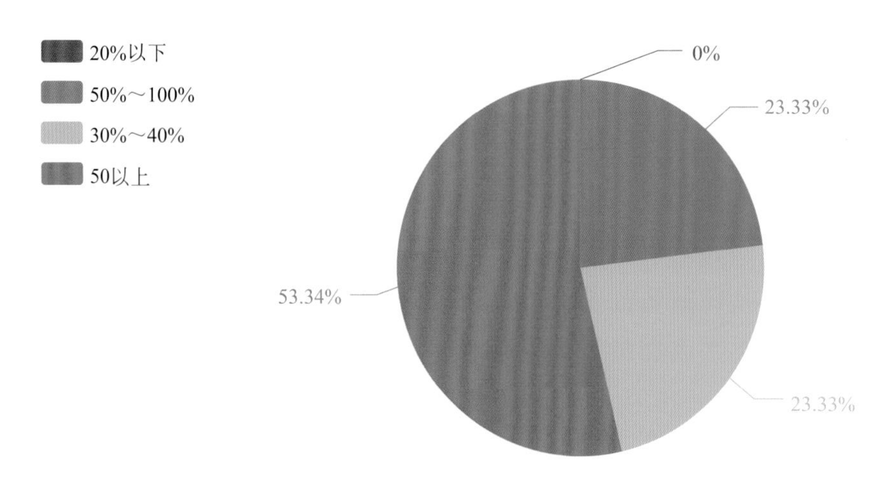

图 4.3　副高级及其以上职称的人数比例图

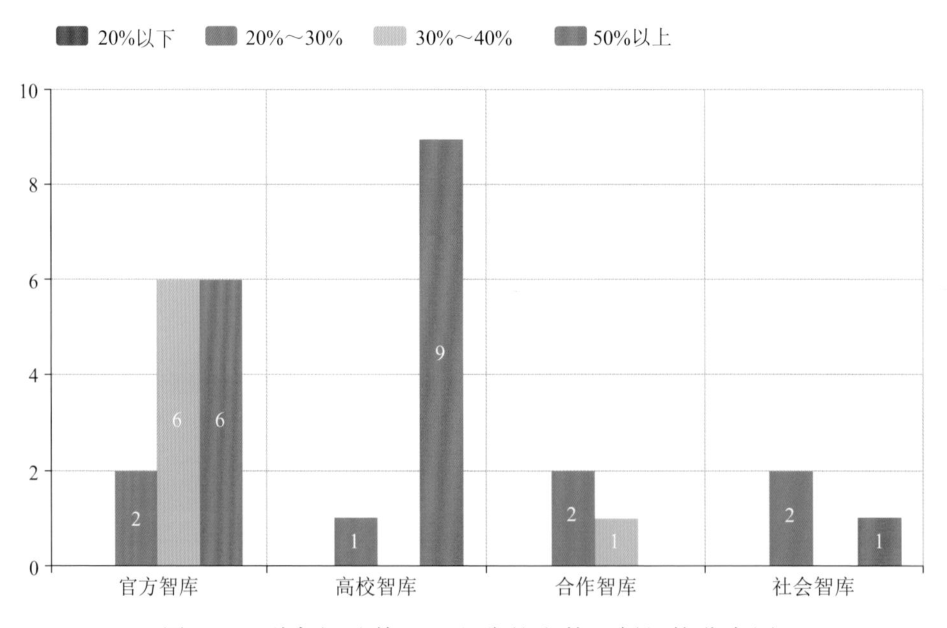

图 4.4　副高级及其以上职称的人数比例机构分布图

(3)硕士及其以上学历人数比例

中国气候变化智库的研究人员普遍学历层次较高。30 家智库机构中，硕士及其以上学历人数比例均为 50%以上(图 4.5)。这可能是由于气候变化智库所研究课题要求要么有较深的气候变化自然科学研究背景，要么是具备扎实的气候变化政策研究基

础，所以入职门槛相对较高，硕士以下学历较难涉足该领域。

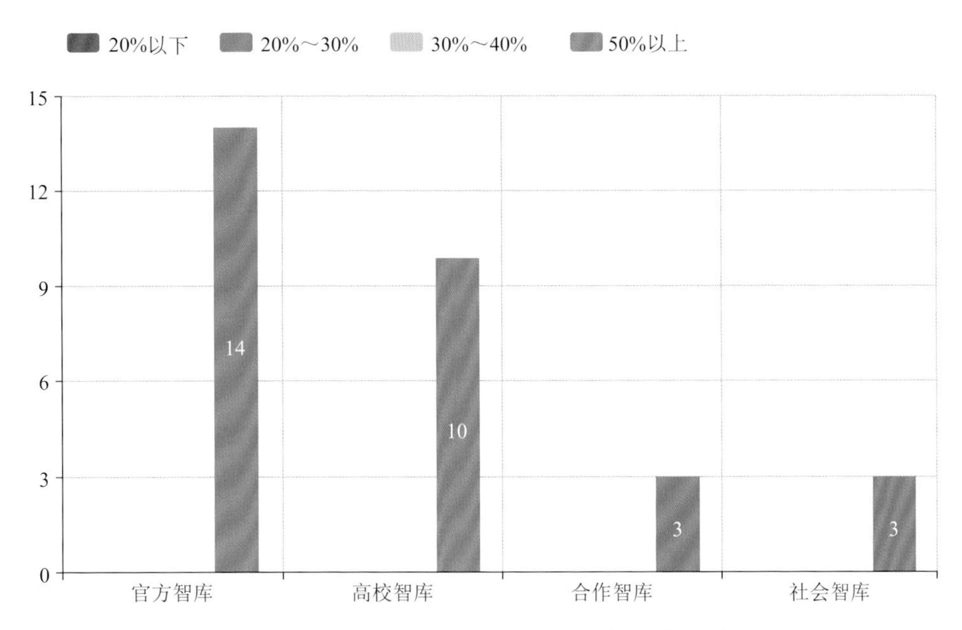

图4.5　硕士及其以上学历人数比例机构分布图

(4)本年度总研究经费

中国气候变化智库普遍研究经费较为充足，但也存在部分智库经费匮乏情况。首先，就整体而言，年度总研究经费在1000万元以上的智库超过4成，但仍有16.67％的智库年均经费不足200万（图4.6）。可见，智库间年度总研究经费存在明显差异，这种差异的多少，反映了智库机构的业务规模，也表明受重视程度和研究业务的繁重程度。其次，从分类来看，有9家官方智库年度总研究经费超过1000万元，机构占比显著高于其余三类智库；高校智库与社会智库分别有4家与1家机构的年度总研究经费在200万元以下，与官方智库差别明显（图4.7）。可见，在各类智库中官方智库年度总研究经费较为充足，一方面可能由于国家在气候变化研究方面给予官方智库的支持力度较大，另一方面可能和官方智库所承担的业务量、机构规模有关。

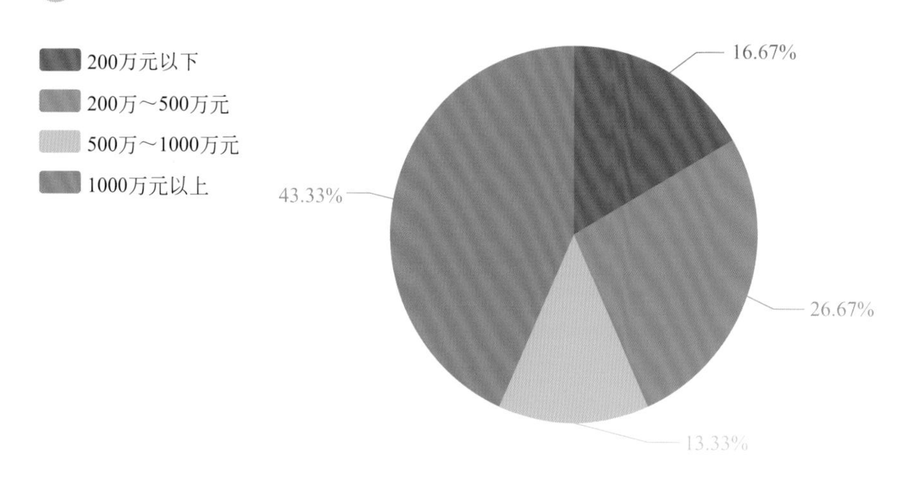

图 4.6 本年度总研究经费图

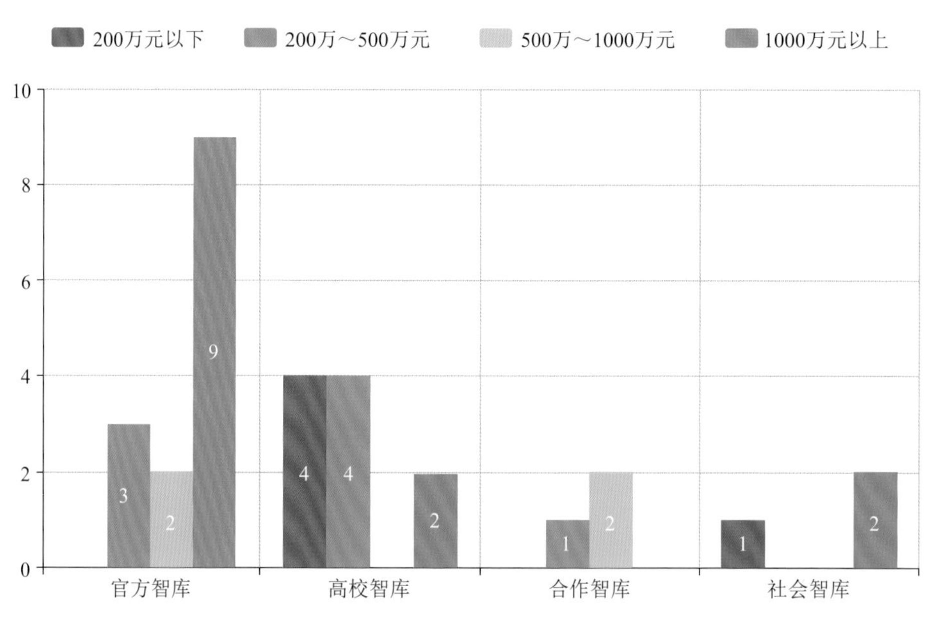

图 4.7 本年度总研究经费机构分布图

(5)智库机构成立年限

中国气候变化智库整体处于发展的上升期。首先，尽管中国气候变化智库机构成立年限 20 年以上的占比最多(30%)，但其余各选项占比相对较为均衡(图 4.8)。其次，将官方智库和高校智库作为整体来看，成立年限在 5～20 年的机构占大多数，这表明官方智库和高校智库都处在发展的上升期，机构规模和研究能力正在逐步提升。社会智库成立年限均在5年以下，可见社会智库类气候变化智库仍处在起步阶段(图4.9)。说明由于近年来社会智库的快速发展，再加上全社会对气候变化问题的广泛关注，社会智库也在逐渐涉足气候变化有关研究领域。

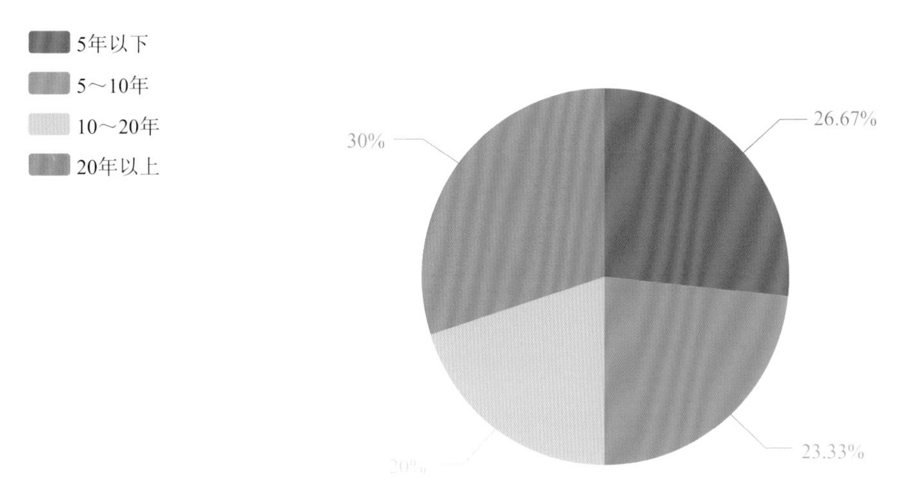

图4.8　智库机构成立年限图

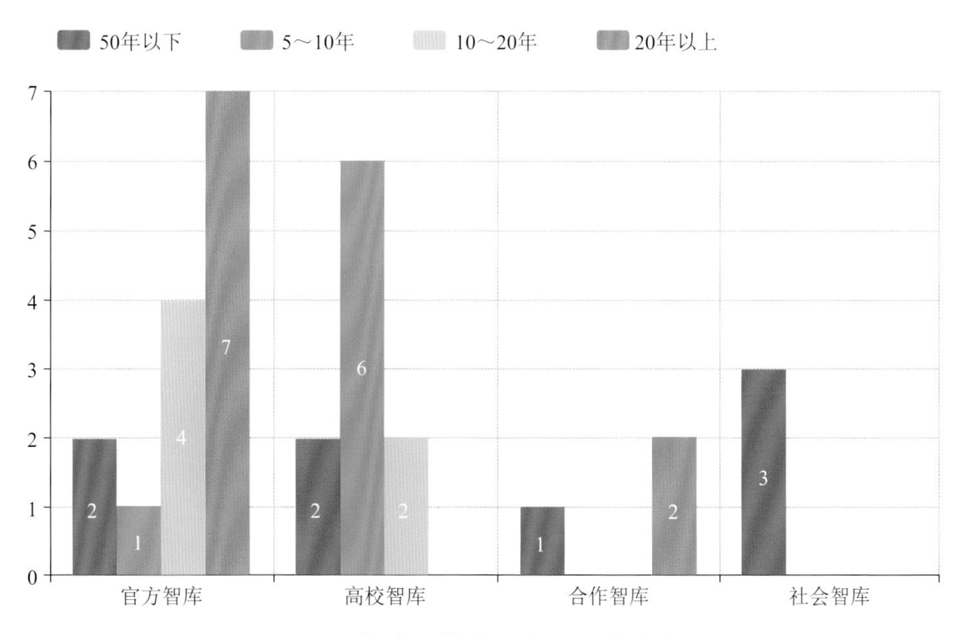

图4.9　智库机构成立年限机构分布图

4.1.2 政策研究力

政策研究力指标评价结果中较强的前10家名单如下:国家发展和改革委员会能源研究所、生态环境部环境规划院、生态环境部环境与经济政策研究中心、国家应对气候变化战略研究和国际合作中心、中国科学院科技战略咨询研究院可持续发展战略研究所、中国社会科学院城市发展与环境研究所、中国社会科学院数量经济与技术经济研究所、北京工业大学循环经济研究院、能源与环境政策研究中心、盘古智库。

(1)本年度发表正式期刊学术论文数量

本年度在正式期刊发表学术论文的数量整体较少。首先,中国气候变化智库年度发表正式期刊学术论文数量多数在50篇以下,相对较少。仅有26.66%的智库年度发表正式期刊学术论文数量在100篇以上(图4.10)。其次,年度发表正式期刊学术论文数量在200篇以上的机构只出现在官方智库与高校智库中,而社会智库与合作智库全部机构年度发表正式期刊学术论文数量都在100篇以下(图4.11)。虽然气候变化智库年度发表正式期刊学术论文数量较少,但需要注意的是,气候变化智库之间看待研究成果的体现方式可能有所不同,部分气候变化智库并不专注于发表学术论文,也没有将学术论文成果作为其影响力的体现。

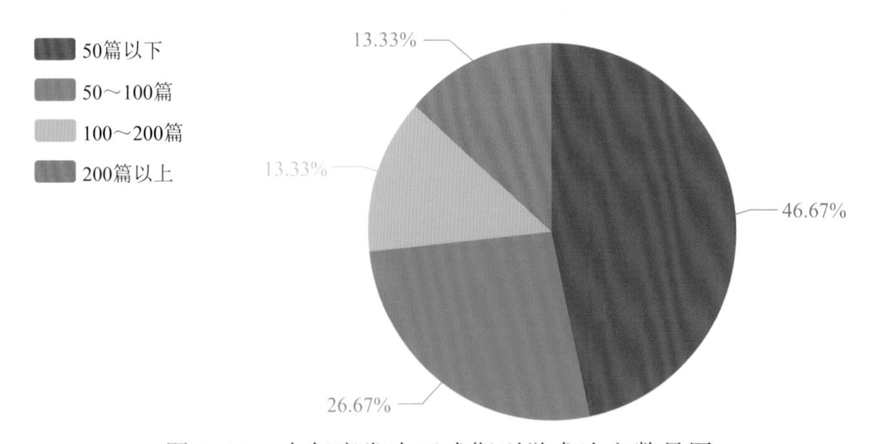

图4.10 本年度发表正式期刊学术论文数量图

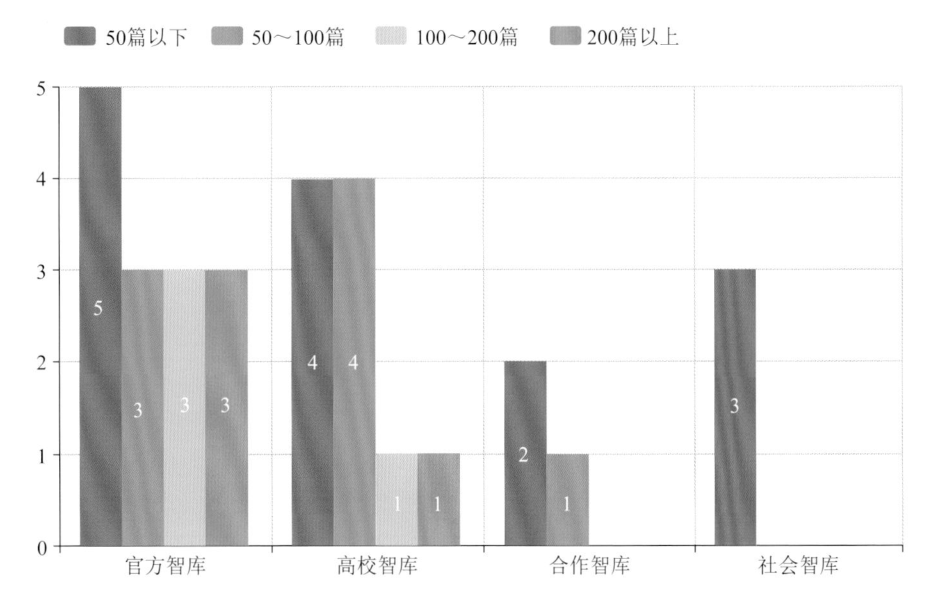

图 4.11　本年度发表正式期刊学术论文数量机构分布图

(2)本年度出版专著数量

中国气候变化智库年度出版专著数量整体较少。首先，年度出版专著在10部以下的机构占80%(图4.12)。其次，在官方智库中出版专著数大于20部的机构仅3家(图4.13)。本项指标和发表论文数量指标的结论有些类似，即智库之间将出版专著作为其研究成果的态度不同，专著的出版在各类智库间都相对较难。

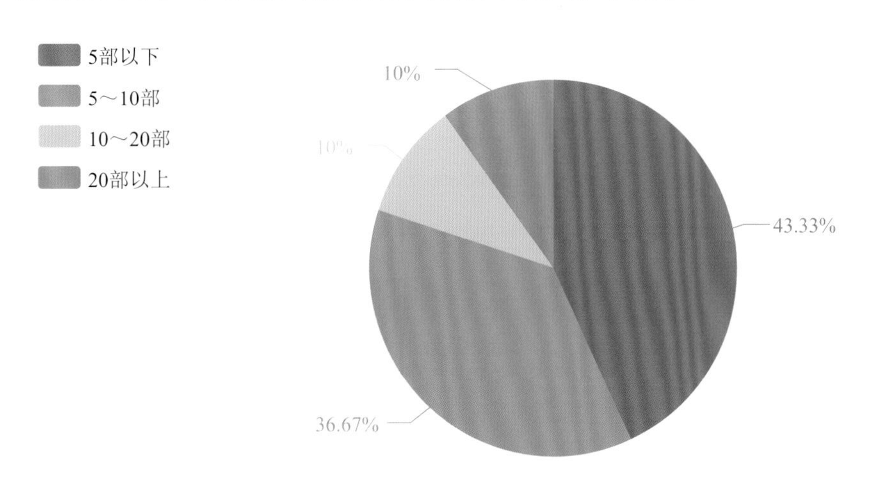

图 4.12　本年度出版专著数图

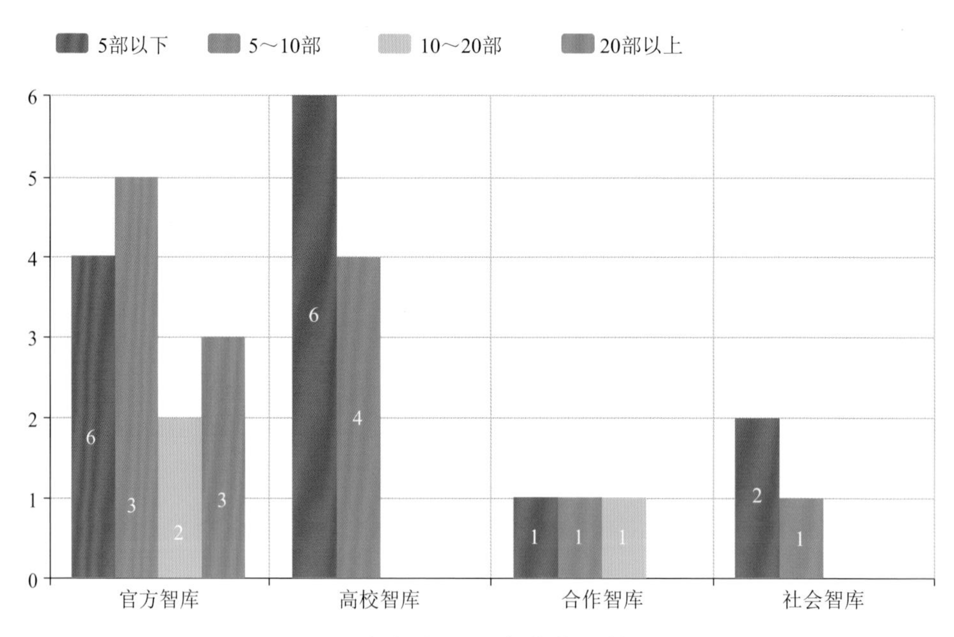

图 4.13 本年度出版专著数机构分布图

(3)本年度各类研究项目数量

气候变化智库机构普遍规模较小，承接项目量尚少。首先，76.66％的中国气候变化智库年度研究项目在50项以下，其中33.33％甚至在20项以下(图4.14)。本项指标可能与气候变化智库规模有直接关系。一般而言机构研究人员越多，研究经费越充足，就

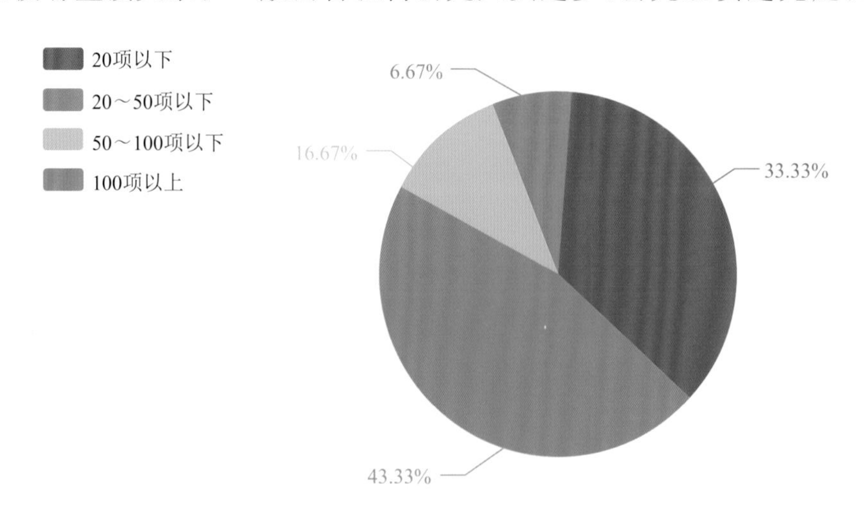

图 4.14 本年度各类研究项目数量图

意味着研究项目越多。通过之前的分析得知，气候变化智库机构普遍而言规模较小，即中小型机构居多，这意味着，整体而言不会存在大量智库机构承接大量项目的情况。其次，官方智库与高校智库研究项目数量普遍较合作智库和社会智库多(图4.15)，这同样与智库本身规模架构有着明显的关系。

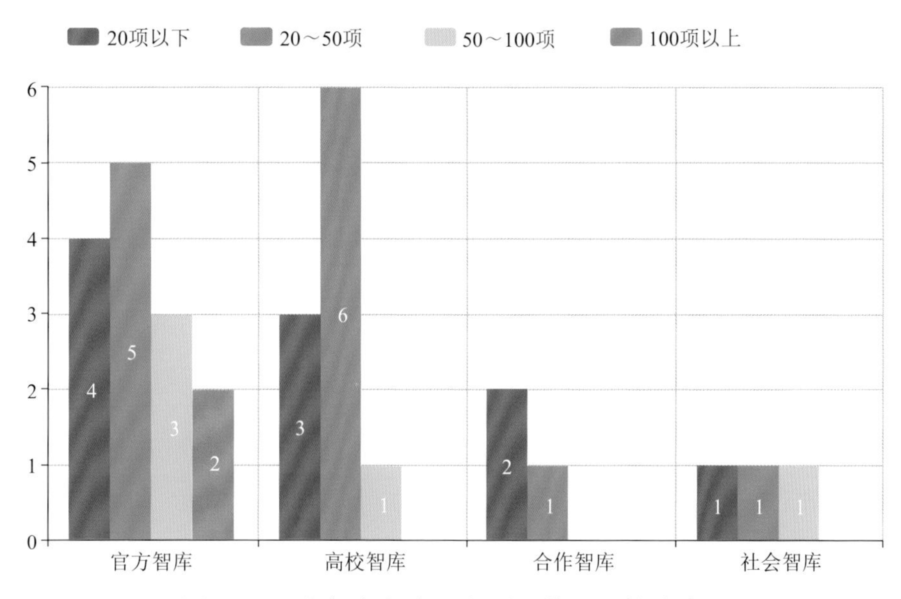

图4.15　本年度各类研究项目数量机构分布图

(4)本年度中央和国家交办的研究任务数量

中国气候变化智库承接中央与国家交办任务的主体集中在官方主库与高校智库。首先，年度中央和国家交办的研究任务数量在5项以下的中国气候变化智库机构占比为63.33%，其中超半数承接研究任务少于2项(图4.16)。其次，官方智库在承接中央和国家交办的研究任务数量上占明显优势，年度承接10项以上研究任务的机构为6家；高校智库也有相当一部分项目来源于中央和国家交办(图4.17)。由此可以看出，承接中央和国家交办的研究任务数量与智库本身的性质直接相关，中央和国家交办的研究任务主要下达到官方智库与高校智库，而合作智库和社会智库总体来源于中央和国家交办的任务较少。

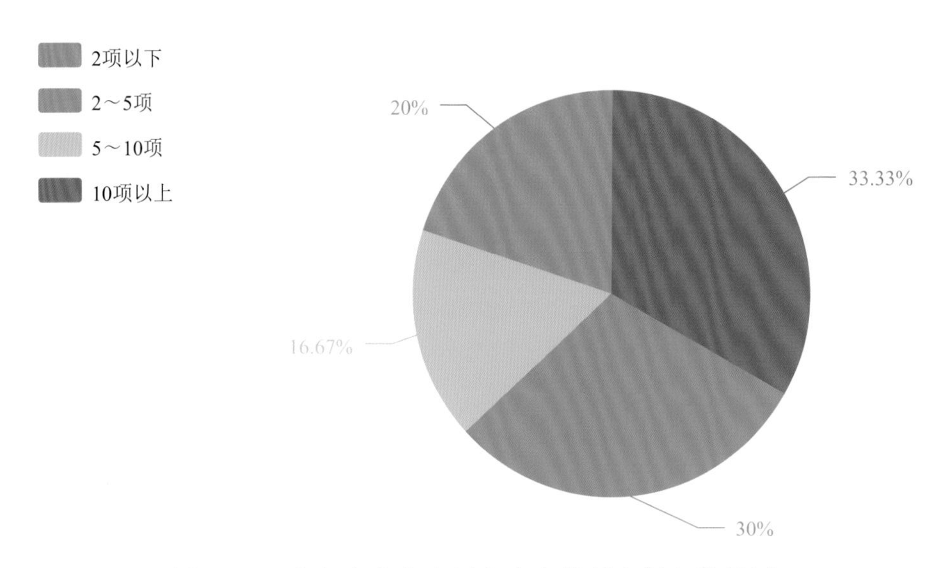

图 4.16　本年度中央和国家交办的研究任务数量图

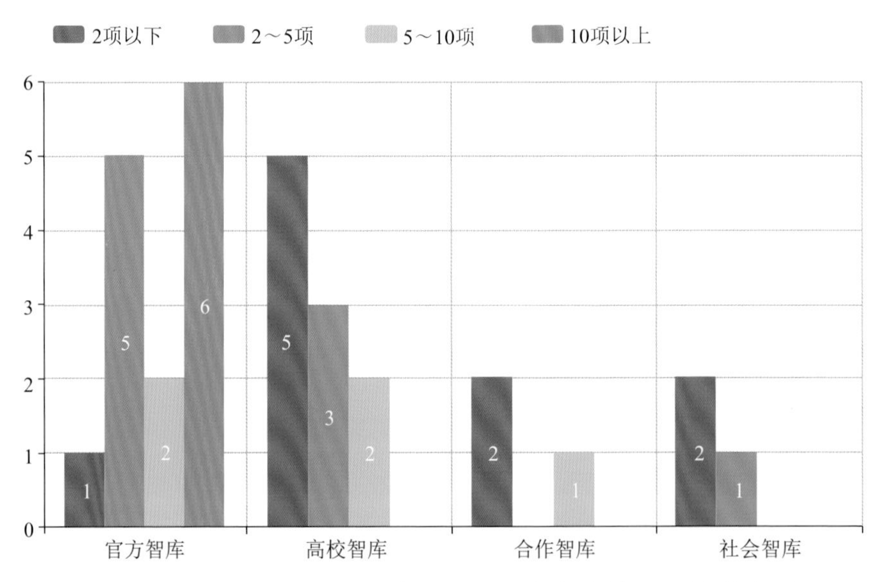

图 4.17　本年度中央和国家交办的研究任务数量机构分布图

(5)本年度上级部门交办的研究任务数量

上级部门交办的研究任务数量与机构规模紧密相关,官方智库占主导。首先,本项指标与中央和国家交办任务数量的指标统计结果存在相似性。73.33%气候变化智库机构年度承接上级部门交办的任务在 20 项以下(图 4.18)。上级交办的研究任务数量与智库机构规模息息相关,智库机构规模越大,研究人员数量越多,就有更多精力承接大量上级交办的任务。其次,进一步从分类角度来看,官方智库承接的上级部门交办的任务明显占多数,其中有 5 家机构年度承接上级部门交办的任务在 50 项以上(图 4.19)。分析认为,有两方

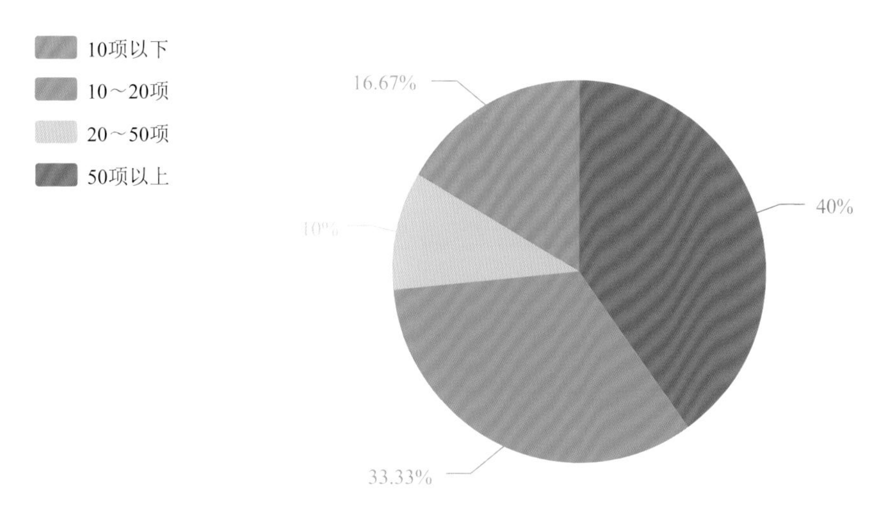

图 4.18　本年度上级部门交办的研究任务数量图

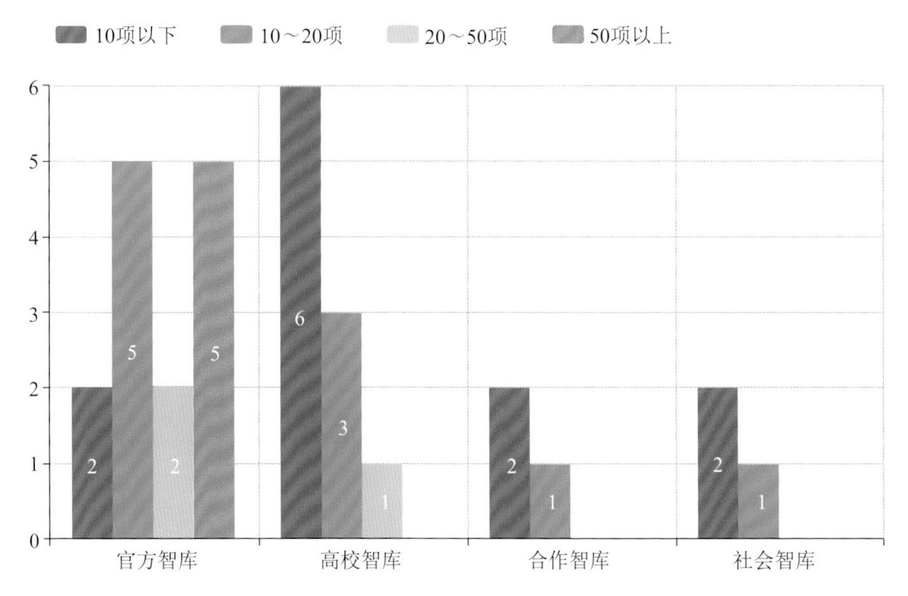

图 4.19　本年度上级部门交办的研究任务数量机构分布图

面原因导致了这样的现象:①官方智库规模普遍相对其他类型智库较大;②官方智库的职能本身确定了其主要承担指令性研究任务,高校智库、合作智库和社会智库可能主要以自主型研究任务为主。

(6)本年度提交的咨询报告和调研报告数量

气候变化智库机构间年度提交咨询报告和调研报告差异较大,官方智库具有明显优势。首先,整体而言提交10篇以上咨询报告和研究报告的机构数量占60%以上。不可忽视的是,提交30篇以上智库比例超过25%(图4.20),这表明很多气候变化智库机构还是比较重视政策研究和决策咨询工作的。其次,从分类来看,官方智库中超过7家机构年度提交咨询报告在30篇以上,可能原因有二:①官方智库自身定位认知中十分注重提供决策咨询服务;②官方智库具有"接天线"的畅通渠道。值得注意的是社会智库中有1家机构年度提交的报告数量超过30篇(图4.21)。因此,即便官方智库在气候变化决策咨询工作中占主导地位,但不能忽视社会智库在其中所发挥的作用。这同时也表明,社会智库在未来气候变化研究领域有很大的发展潜力。

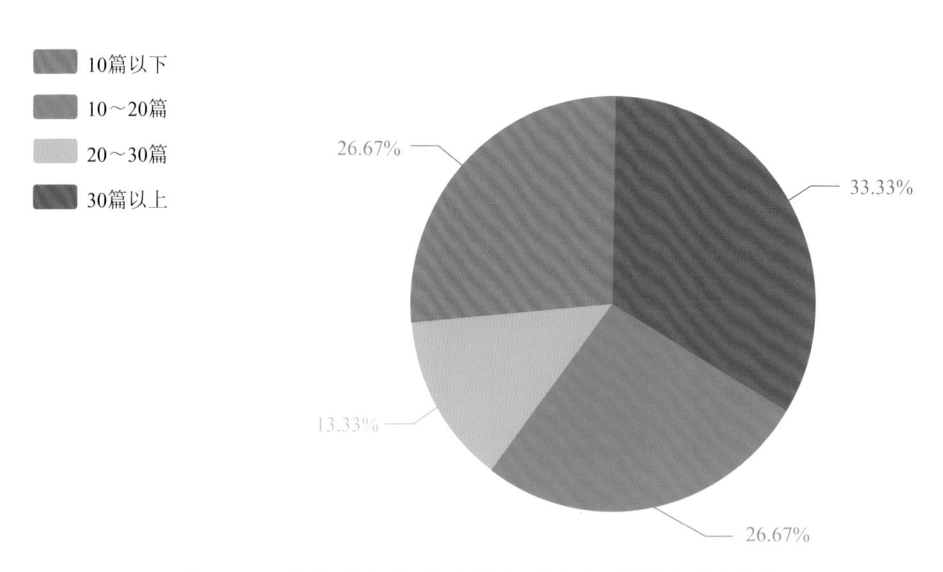

图4.20 本年度提交的咨询报告和调研报告数量图

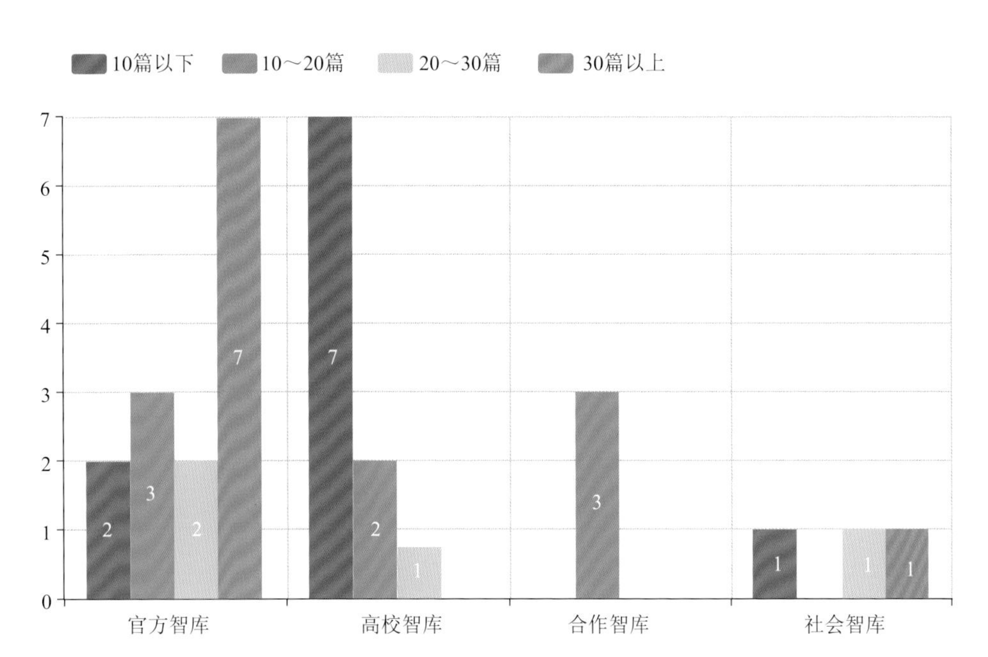

图 4.21　本年度提交的咨询报告和调研报告数量机构分布图

4.1.3　信息传播力

信息传播力指标评价结果中较强的前 10 家名单如下:生态环境部环境规划院、生态环境部环境与经济政策研究中心、中国社会科学院城市发展与环境研究所、国家气候中心、北京工业大学循环经济研究院、清华大学全球变化研究院、清华大学全球可持续发展研究院、能源与环境政策研究中心、中国环境与发展国际合作委员会、盘古智库。

(1)机构所有微信、微博关注人数总量

中国气候变化智库机构所有微信、微博关注人数总量较多,反映出公众对气候变化问题的关注度高。首先,四成以上机构所有微信、微博关注人数超过 1000 人(图 4.22)。其次,各类智库具有一定比例的机构所有微信、微博关注人数超过 1000 人以上。官方智库之间差距较为明显,有 5 家机构新媒体账号关注人数超过 1000 人,同时有 4 家机构少于 100 人。这在一定程度上反映出公众对于具有权威性的官方智库信赖度和关注度较高，但仍有部分官方智库在一定程度上忽视了新媒体对气候变化信息与决策的传播。值得关注的是社会智库与合作智库所有机构新媒体账号关注人数均在 500 人以上，这反映出合作智库与社会智库更注重微信、微博等新媒体信息传播方式(图 4.23)。

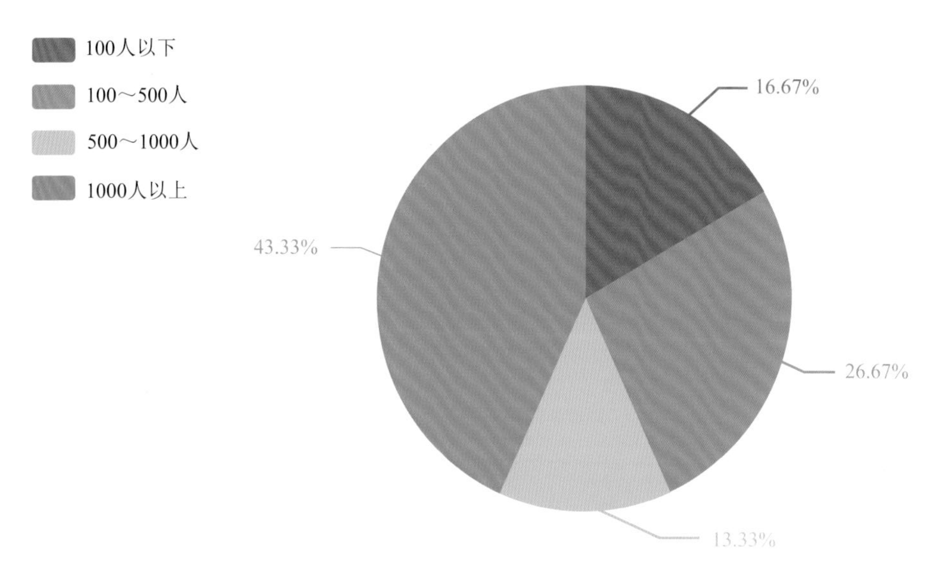

图 4.22 所有微信、微博关注人数总量图

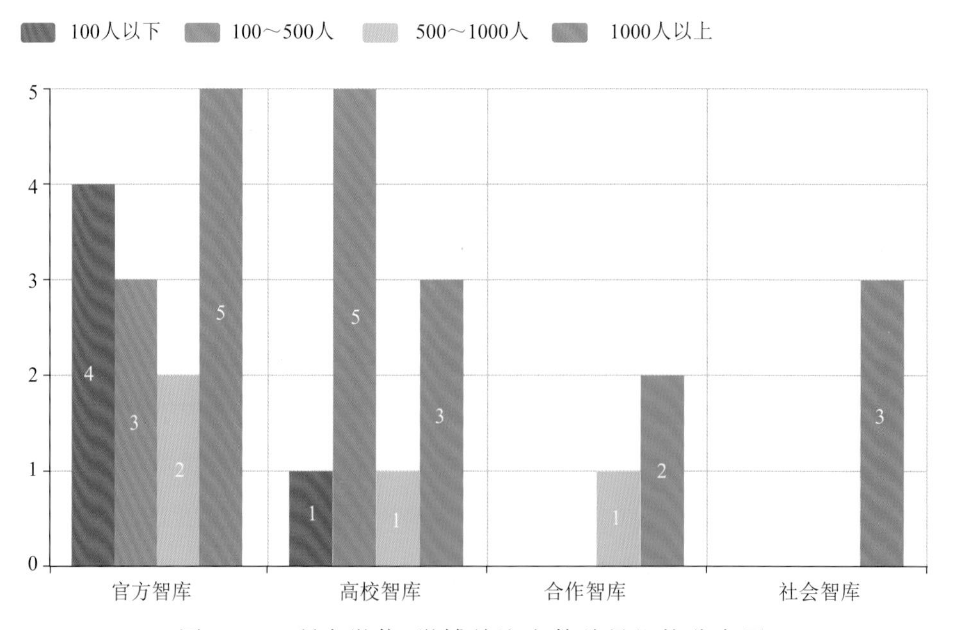

图 4.23 所有微信、微博关注人数总量机构分布图

(2)机构所有微信、微博年度发布文章总量

中国气候变化智库机构所有微信、微博年度发布文章总量相对较少。首先,约三分之二的中国气候变化智库机构所有微信、微博年度发布文章总量普遍在50篇以下,相当于平均一周发布一篇文章,频率相对较低(图4.24)。其次,官方智库在发布文章总量上整体并不多,近80%官方智库机构尚达不到一周发布一篇文章的频率(图4.25)。不过,通过前项指标分析,仍有部分官方智库的关注人数总量并没有因此流失,说明公众很注重气候变化决策咨询方面的政策信息,而官方智库作为相对权威的机构仍是公众选择了解该类信息的窗口。

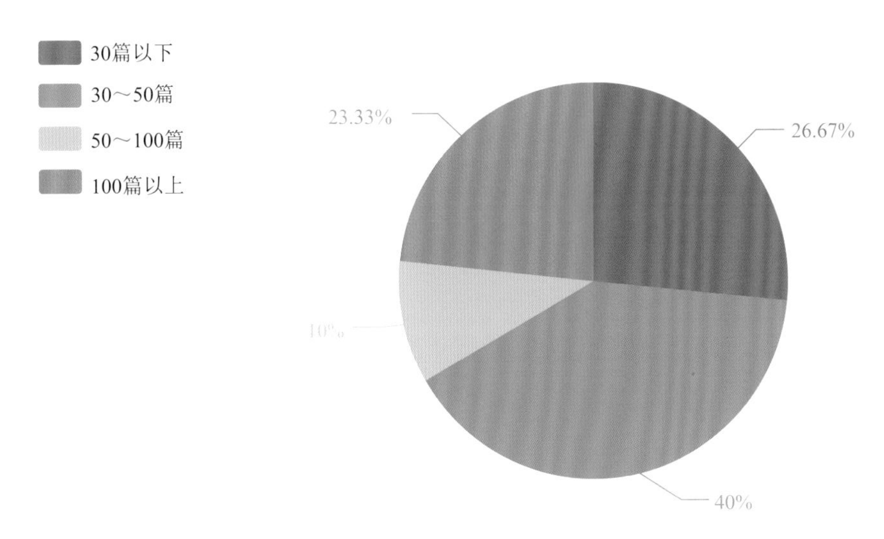

图4.24　机构所有微信、微博年度发布文章总量图

(3)本年度在报纸、刊物等媒体发表文章数量

与新媒体账号发文量类似,中国气候变化智库年度在报纸、刊物等传统纸媒发表文章数量亦较少。首先,近四成中国气候变化智库年度在报纸、刊物等媒体发表文章数量在20篇以下,年度发文量在50篇以上的机构只占两成(图4.26)。总体而言,机构在传统纸媒上发表的文章总量少于新媒体发文总量,可能有两个原因:①纸媒发文

准入门槛更高，审核流程更严格；②传统纸媒近年来传播力与受众量受到新媒体冲击，部分机构可能将信息传播途径侧重点集中在新媒体上。其次，从分类来看，各类智库传统纸媒发文量普遍较少(图 4.27)，均在不同程度上存在对于传统纸媒传播气候变化科研与决策信息方面的短板。

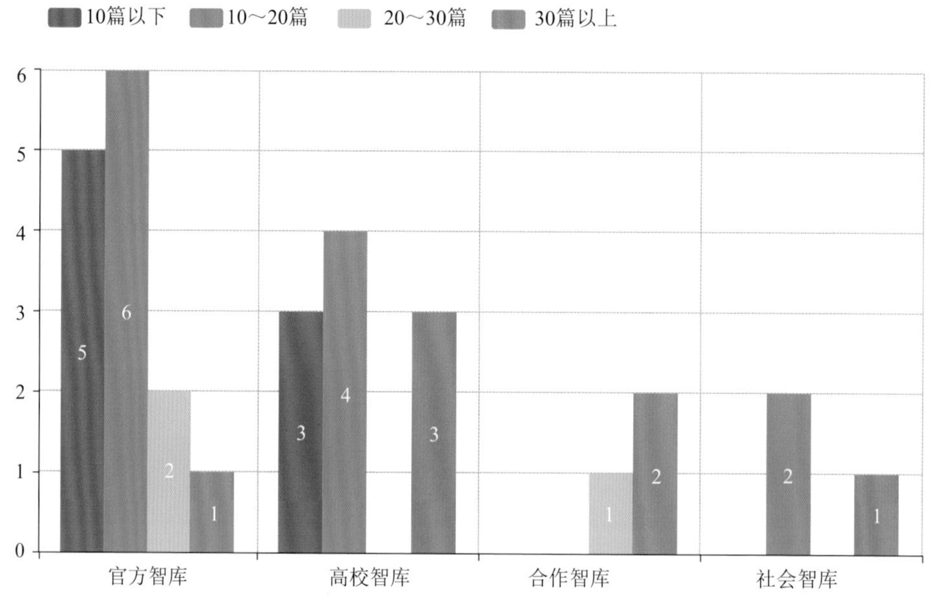

图 4.25 机构所有微信、微博年度发布文章总量机构分布图

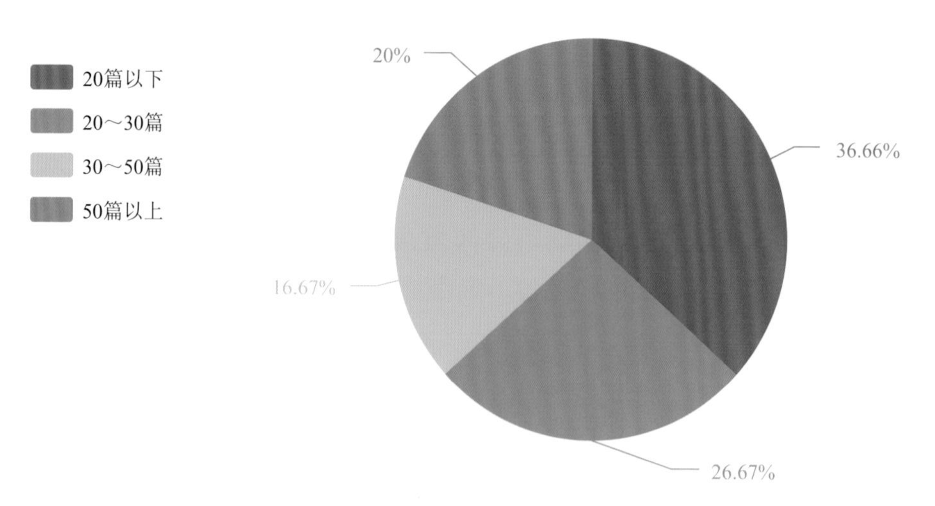

图 4.26 本年度在报纸、刊物等媒体发表文章数量图

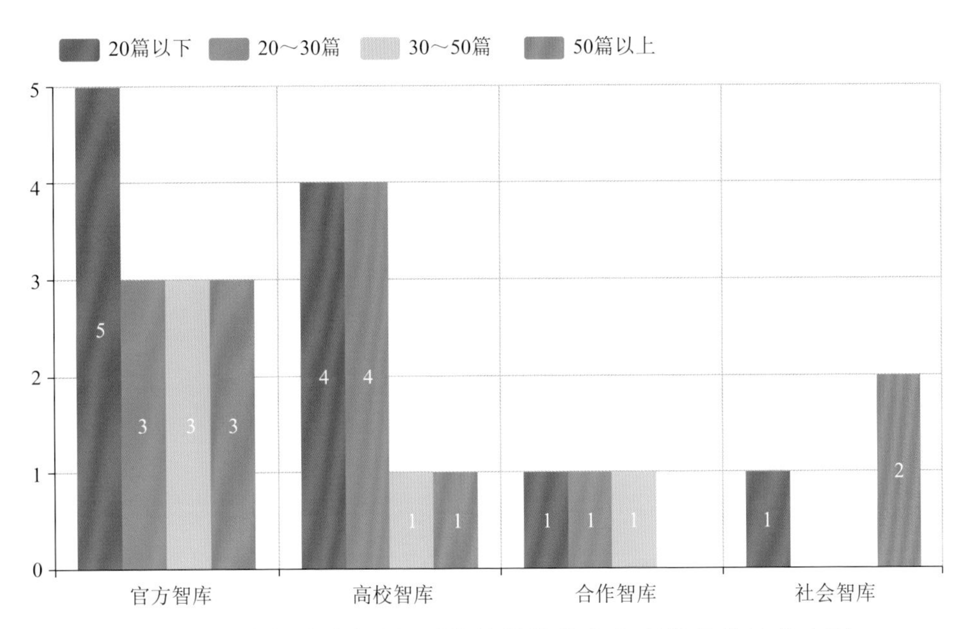

图 4.27　本年度在报纸、刊物等媒体发表文章数量机构分布图

(4)本年度媒体报道本机构数量

合作智库与社会智库被报道次数较多，社会知名度较高。首先，整体而言约四分之三中国气候变化智库年度媒体报道在 30 次以下，相对偏少(图 4.28)。其次，官方智库在本年度媒体报道本机构数量相对较少，社会关注度较低，仍有一定提升空间。社会智库与合作智库整体而言较官方智库与高校智库被媒体报道数量多，一定程度上体现了其社会知名度较高(图 4.29)。

4.1.4　公共影响力

公共影响力评价结果中较强的前 10 家名单如下：国家发展和改革委员会能源研究所、生态环境部环境规划院、生态环境部环境与经济政策研究中心、国家应对气候变化战略研究和国际合作中心、中国科学院科技战略咨询研究院可持续发展战略研究所、中国社会科学院城市发展与环境研究所、中国社会科学院数量经济与技术经济研究所、能源与环境政策研究中心、中国环境与发展国际合作委员会、盘古智库。

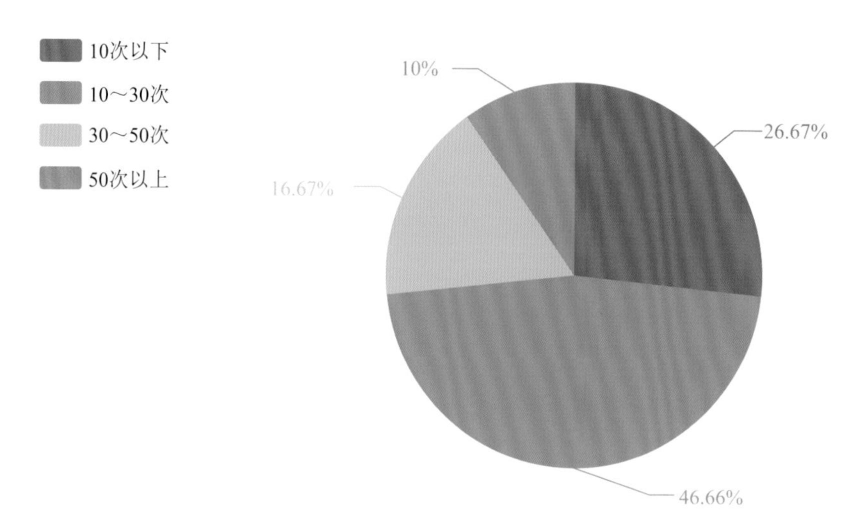

图 4.28 本年度媒体报道本机构数量图

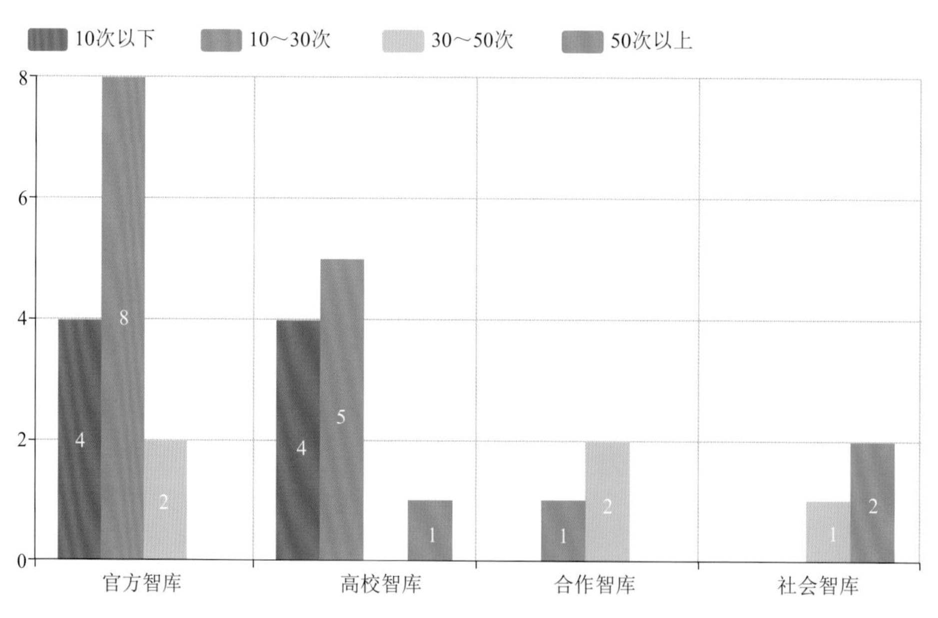

图 4.29 本年度媒体报道本机构数量机构分布图

(1)本年度获省部级以上领导批示数量

国家对气候变化智库研究成果、决策建议较为重视，尤以官方智库为主。首先，虽然四成中国气候变化智库年度获省部级以上领导批示数量普遍在5次以下，相对较少，但仍有三成机构年度获批示数量超过10次，体现了国家对气候变化智库研究成果、决策建议的重视(图4.30)。其次，高校智库在几类智库中获上级批示数量明显较少，忽视了将智库成果向决策者进行推广、落实实施。官方智库获批示更多，可能由于：①其咨询报告更具权威性，有较强的指导性与参考价值；②官方智库大部分为官方直接设立，其自身特性决定了官方智库承担了更多官方决策咨询任务。合作智库和社会智库也获得了较多上级批示，说明它们相对存在良好的发展空间，能丰富智库建设工作专业理论类型，提升智库建言献策能力(图4.31)。

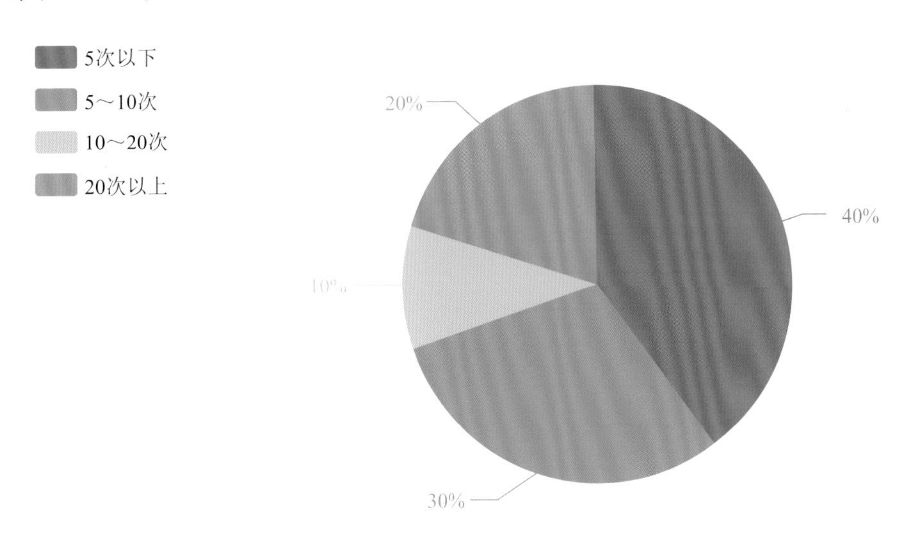

图4.30　本年度获省部级以上领导批示数量图

(2)本年度申请专利及软件著作权数量

中国气候变化智库存在自然科学方法在社会科学研究中运用不足的问题。首先，中国气候变化智库的年度申请专利及软件著作权数量较少，约四分之三机构年度申请专利与软件著作权少于10项(图4.32)。其次，在专利数量普遍较少的情况下，仍有3家官方智库机构年度申请专利及软件著作权数量在30项以上，说明官方智库在国家层面主导的科研创新能力逐步提升(图4.33)。

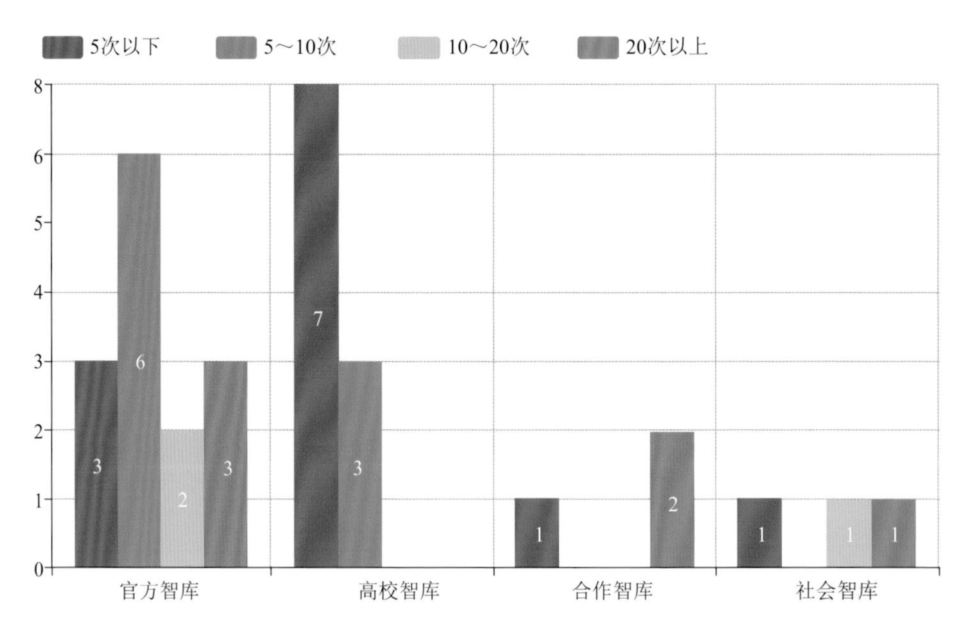

图 4.31 本年度获省部级以上领导批示数量机构分布图

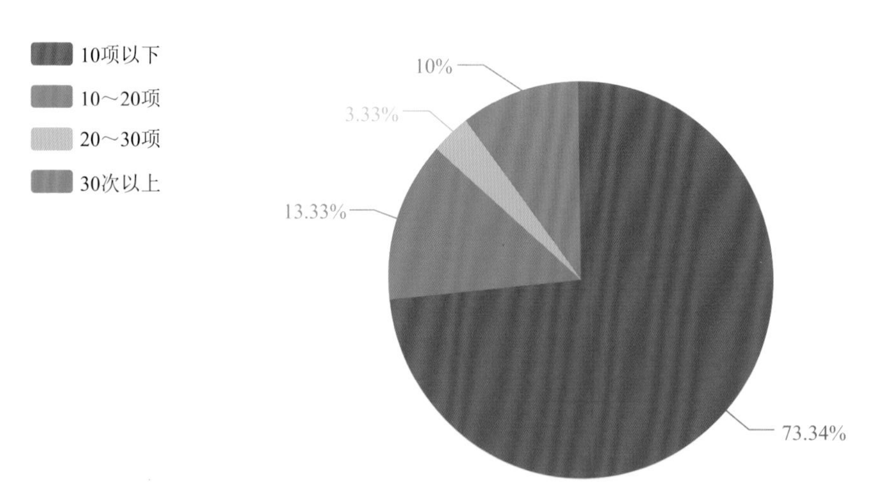

图 4.32 本年度申请专利及软件著作权数量图

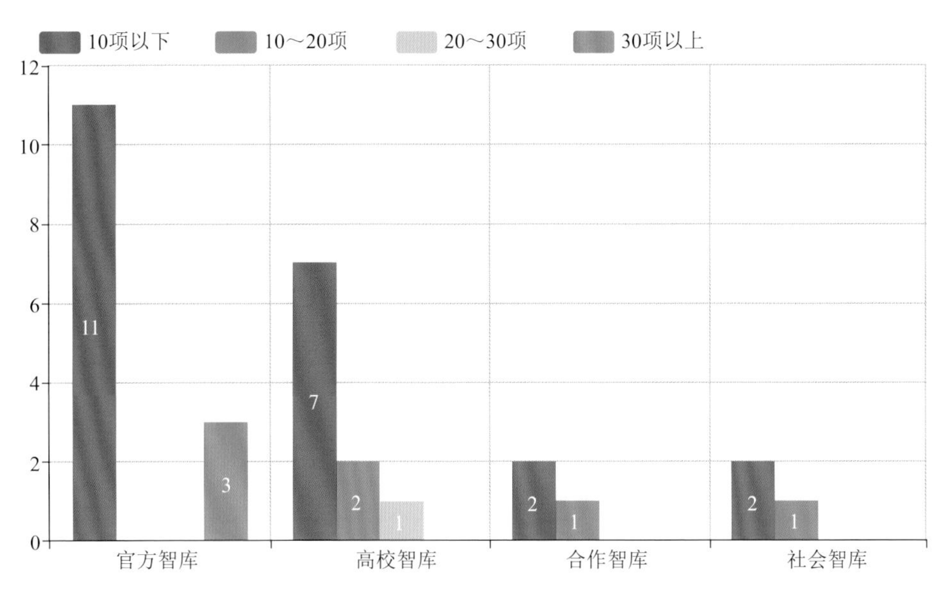

图 4.33　本年度申请专利及软件著作权数量机构分布图

(3)本年度组织省部级以上会议次数

官方智库在参与省部级以上会议中占主导地位。首先，中国气候变化智库年度组织省部级以上会议次数普遍在 1～5 次，相对较少(图 4.34)。其次，由于权威性和公信度较高，年度组织省部级以上会议次数主要集中在官方智库。高校智库在此方面稍有欠缺，主要是其行政级别等原因导致年度组织省部级以上会议次数较少。此外，值得特别注意的是社会智库，也存在相对较多的情况，说明社会智库在与官方合作组织省部级会议方面具有很大潜力(图 4.35)。

(4)本年度组织国际会议次数

中国气候变化智库在国际会议交流中逐步发挥重要的作用，提高了国际地位。首先，半数中国气候变化智库年度组织国际会议次数在 3 次以上(图 4.36)。国际会议是气候变化交流的重要平台和工具之一，对于任何一家独立机构，组织一次高水平的国际会议都是对机构的国际影响力、组织能力、对气候变化议题重视程度的体现。官方智库由于其规模较大、资金丰富，承担了大多数组织国际会议的任务。高校智库体量较小、研究人员教学任务重、资金相对紧张，所以对此方面关注度不够(图 4.37)。

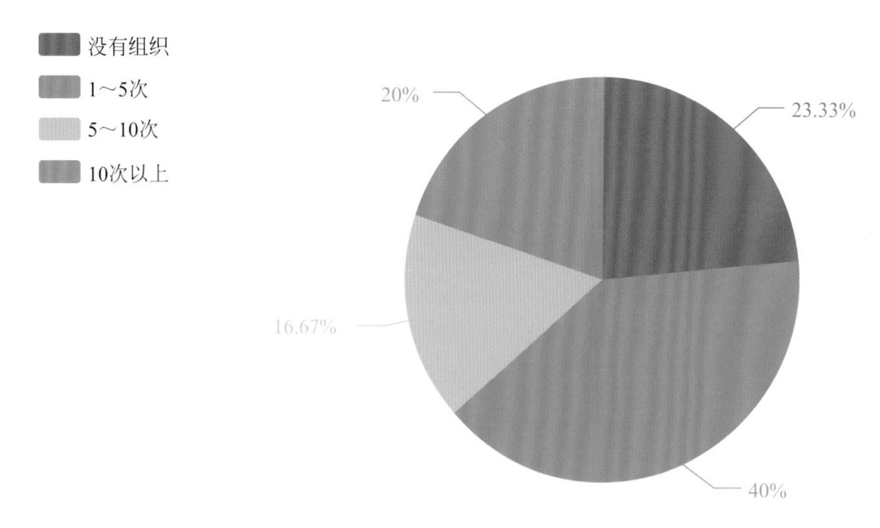

图 4.34 本年度组织省部级以上会议次数图

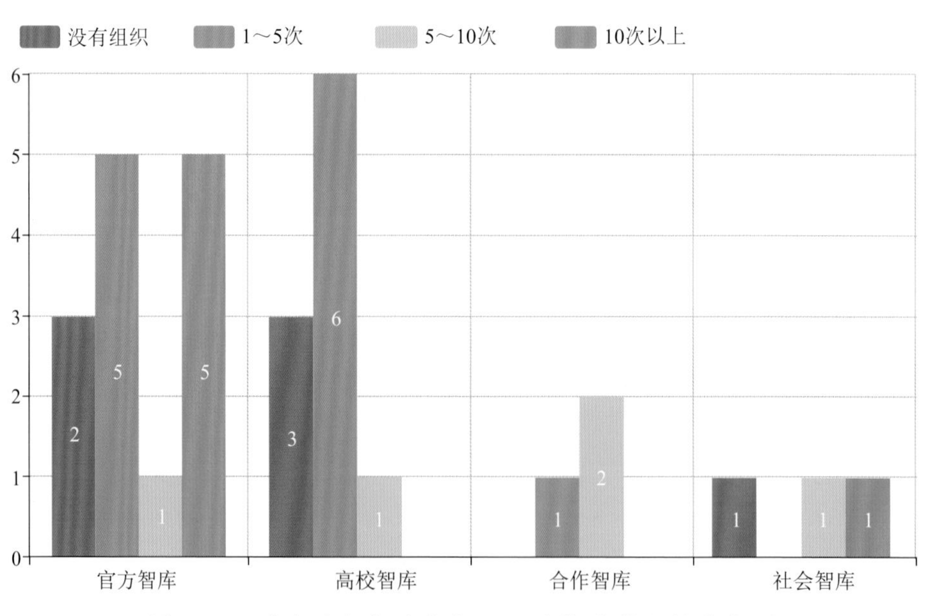

图 4.35 本年度组织省部级以上会议次数机构分布图

(5)本年度接待外籍专家来访人次

中国气候变化智库重视与国外学者之间的交流与沟通，活跃学术思想，扩大中国政治影响。首先，中国气候变化智库年度接待外籍专家来访人次多数在 10～30 人次。考虑到中国气候变化智库在职

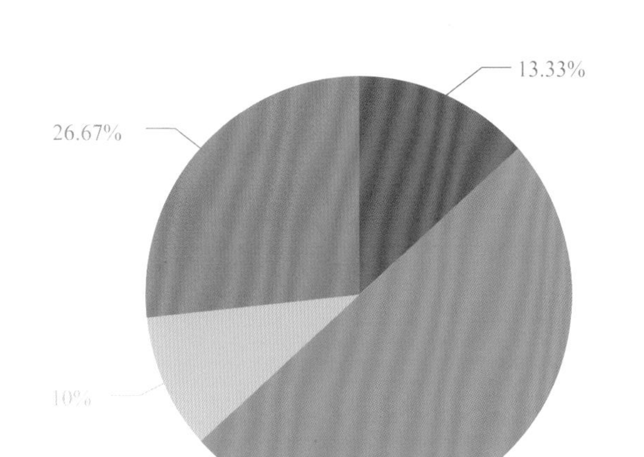

图 4.36　本年度组织国际会议次数图

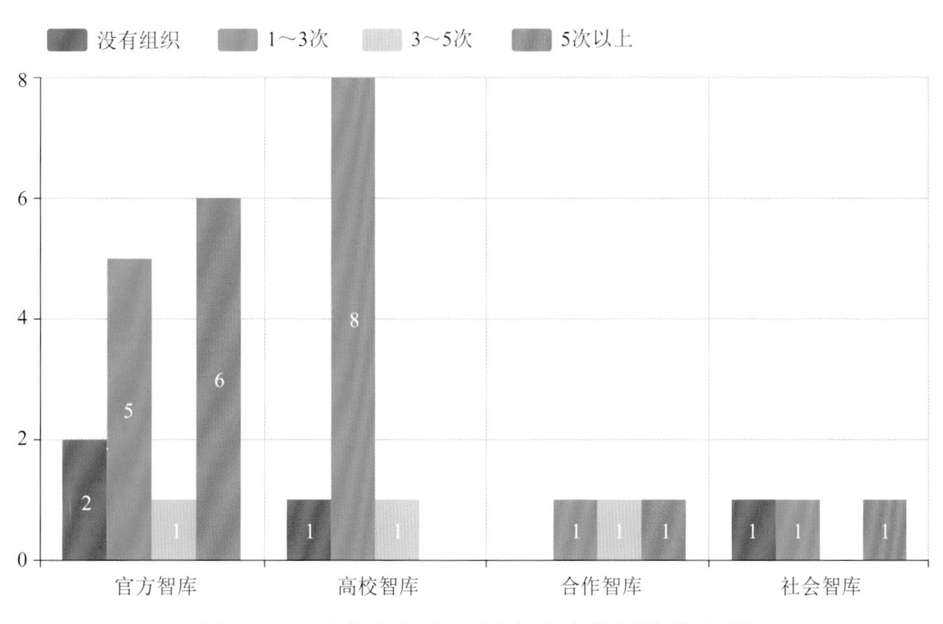

图 4.37　本年度组织国际会议次数机构分布图

研究人员总数(超六成机构在 50 人以下),年度 10～30 人次外籍专家来访量较为理想(图 4.38)。其次,官方智库年度接待外籍专家来访人次较多。高校智库侧重点可能主要在学术研究,导致年度接待外籍专家来访人次相对较少(图 4.39)。

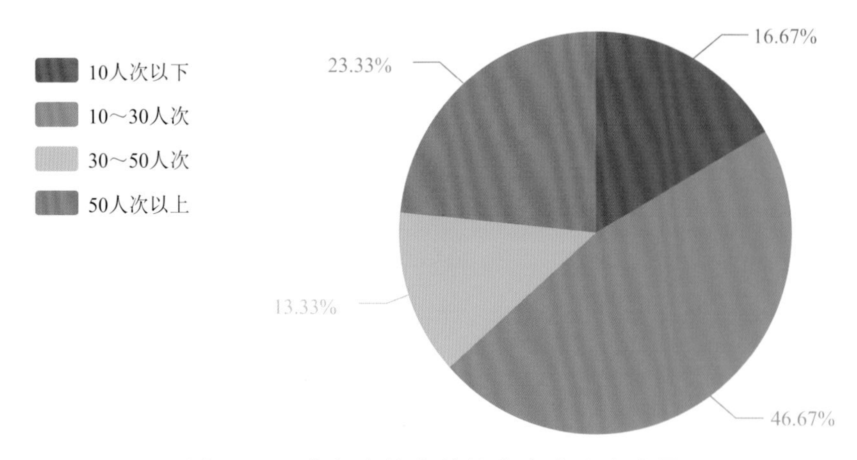

图 4.38 本年度接待外籍专家来访人次图

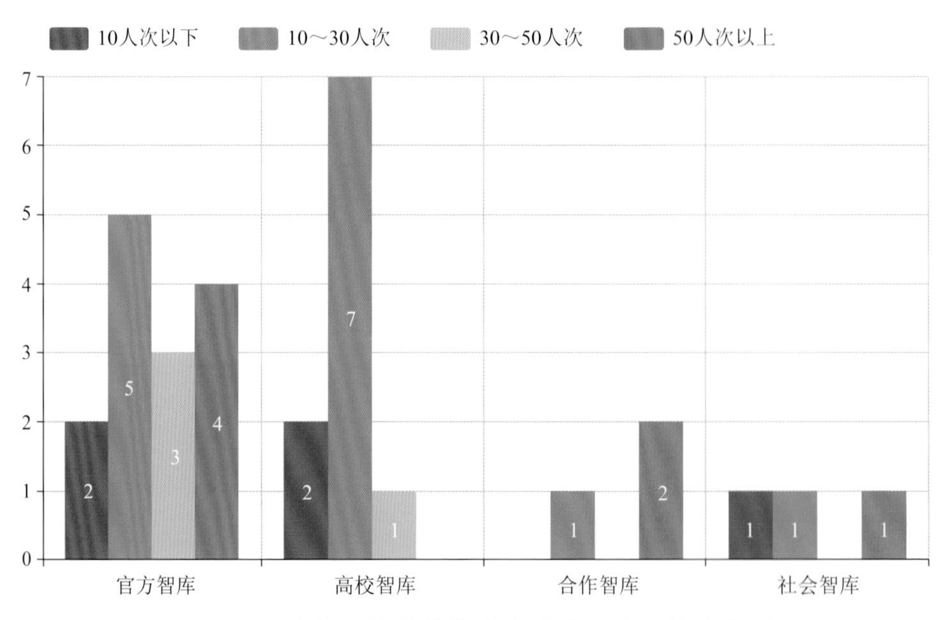

图 4.39 本年度接待外籍专家来访人次机构分布图

(6)本年度出国访问人次

中国气候变化智库逐步注重国际影响力与话语权，积极输送研究人员出国访问。首先，中国气候变化智库年度出国访问人次在 10 人次以上的比例为 60%(图 4.40)，考虑到中国气候变化智库机构在职人员数量较少，年度尚能达到 10 人次以上的出国访问，说明机构在重视及时掌握国际信息的同时传播中国声音。其次，各类智库之间存在普遍差异，三分之一的官方智库机构年度出国访问人次超过 50 人次以上，可能与官方智库的机构体量大、研究经费多有关（图 4.41）。

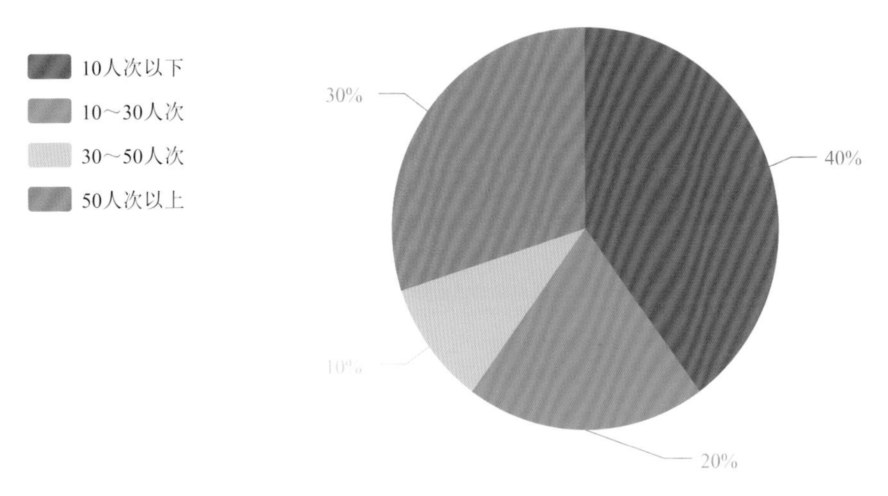

图 4.40　本年度出国访问人次图

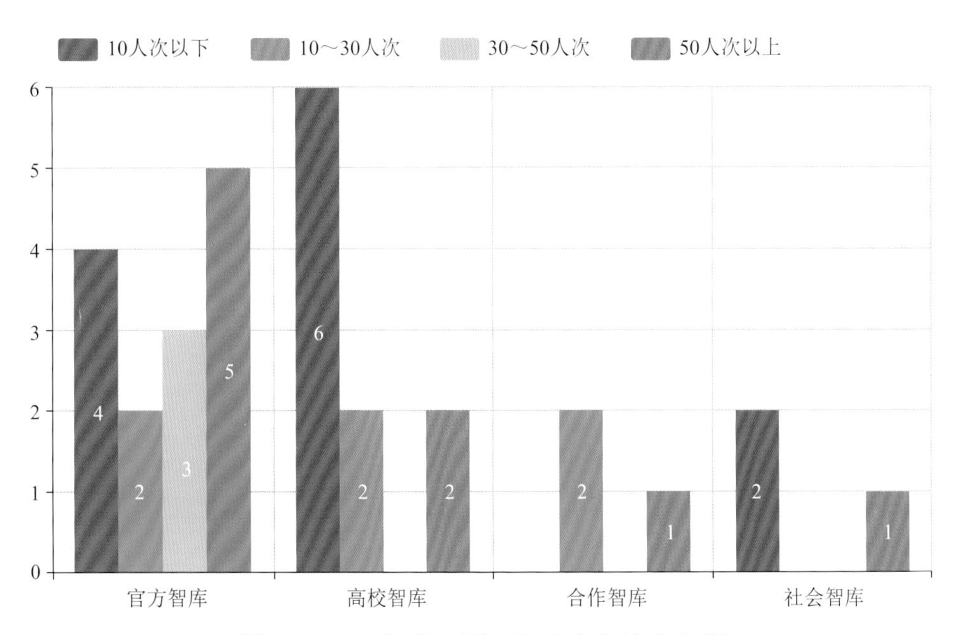

图 4.41　本年度出国访问人次机构分布图

4.2 专家评议法评价结果及分析

专家评议法是一种定性分析法，也是目前大多数智库评价中最常用的一种方法。研究组邀请了一批气候变化相关领域的专家组成评议专家组，对中国气候变化智库进行综合评价。截至 2020 年 12 月，收到 108 份有效回复。

4.2.1 综合能力

专家评议法结果中综合能力较强的前 10 家名单如下：国家发展和改革委员会能源研究所、生态环境部环境规划院、国家应对气候变化战略研究和国际合作中心、中国社会科学院城市发展与环境研究所、国务院发展研究中心发展战略和区域经济研究部、国务院发展研究中心资源与环境政策研究所、国家气候中心、北京大学气候变化研究中心、清华大学全球可持续发展研究院、中国环境与发展国际合作委员会。

其中，7 家为官方智库，占据绝对主导地位，一方面是由于官方智库长期特别关注气候变化问题，在政府引领下高度重视气候变化领域的研究工作，影响力也较大。2 家为高校智库，分别来自北京大学和清华大学，可见高校在气候变化领域也发挥了不可忽视的作用。

进一步对 10 家智库的类型进行细分，其中 30％为国务院直属事业单位所属智库，30％为国务院组成部门所属智库，20％为高校智库，10％为政党系统-科研院所智库，10％为合作智库，如图 4.42 所示。总体综合能力评价结果中较强的前 10 家智库都分布在北京，首先，这与国家核心党政机关的分布明确相关；其次，2 家高校智库分别为国内实力排名前二的高校，同样位于北京地区。这在一定程度上反映出北京作为国家政治中心、文化中心的地位。

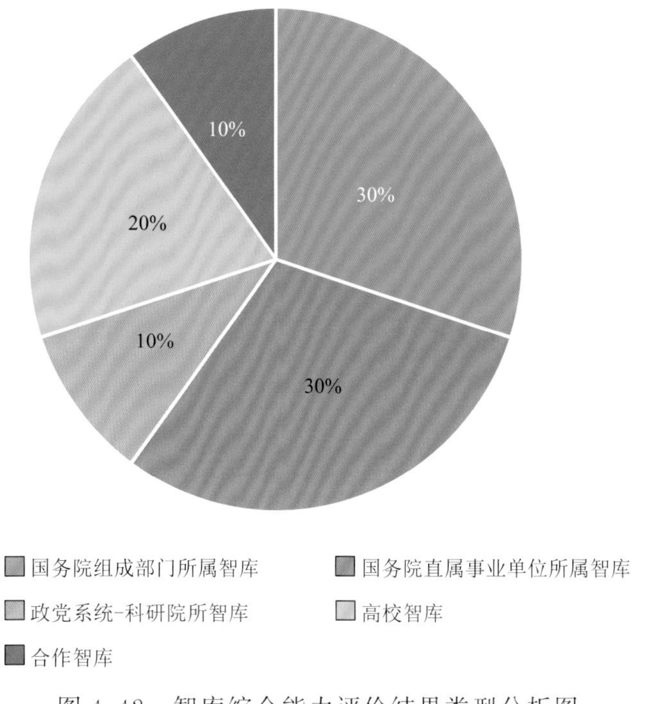

图 4.42　智库综合能力评价结果类型分析图

4.2.2　官方智库评价结果

官方智库的评价结果中较强的前 10 家名单如下：国家发展和改革委员会能源研究所、生态环境部环境规划院、国家应对气候变化战略研究和国际合作中心、中国科学院生态环境研究中心、中国社会科学院城市发展与环境研究所、国务院发展研究中心发展战略和区域经济研究部、国务院发展研究中心资源与环境政策研究所、国家气候变化专家委员会、国家气候中心、中国气象局气象发展与规划院。

经过细分，其中 50％为国务院直属事业单位所属智库，30％为国务院组成部门所属智库，20％为政党系统-科研院所智库（图 4.43）。官方智库评价结果中较强的前 10 家智库均位于北京。

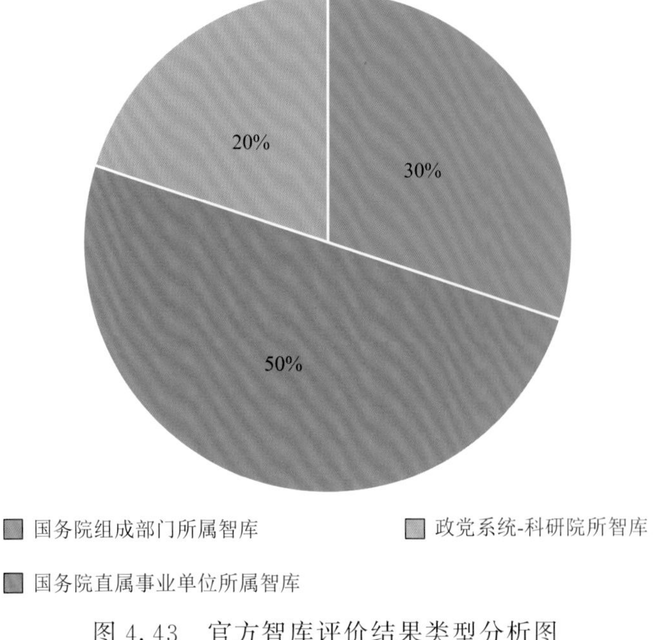

图 4.43 官方智库评价结果类型分析图

4.2.3 高校智库评价结果

高校智库的评价结果中较强的前 10 家名单如下：北京大学气候变化研究中心、北京师范大学气候变化与贸易研究中心、清华大学全球变化研究院、清华大学全球可持续发展研究院、兰州大学西部环境教育部重点实验室、武汉大学气候变化与能源经济研究中心、湖南大学自然资源与气候变化法律研究中心、南京大学气候与全球变化研究院、南京信息工程大学气候与环境治理研究院、浙江大学气象信息与预测研究所。

根据地区分析，高校智库评价结果中较强的前 10 家智库中，40%分布在北京地区，20%分布在江苏地区，10%分布在浙江地区，10%分布在湖北地区，10%分布在湖南地区，10%分布在甘肃地区(图 4.44)。大部分上榜高校中都设置了大气科学或气象学专业，尤其在兰州大学、南京大学与南京信息工程大学，大气科学或气象学专业都是其传统优势专业，一定程度上说明高校气象相关专业院系仍是高校气候变化智库研究的主基地。武汉大学与湖南大学的气候变化研究智库主要依托环境资源类相关专业，说明气候变化学科研究的交叉性也在逐渐提高，气候变化相关的能源、资源、生态问题亦是气候变化学科研究重点。

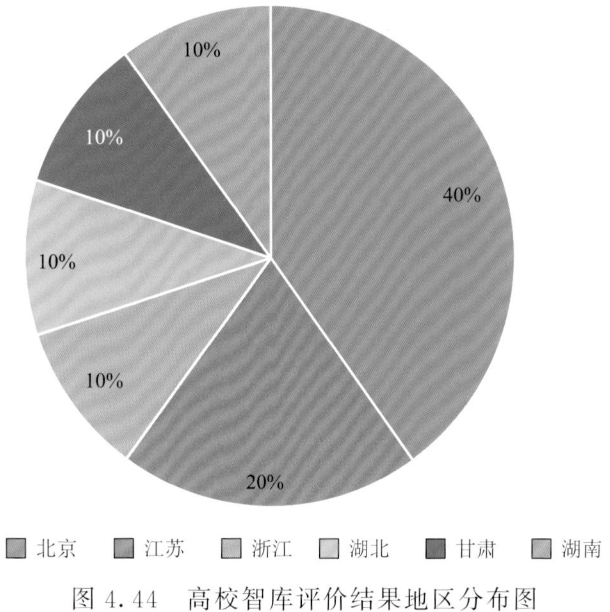

图 4.44　高校智库评价结果地区分布图

4.2.4　合作智库与社会智库评价结果

合作智库与社会智库的评价结果中较强的前 10 家名单如下：能源与环境政策研究中心、清华-布鲁金斯公共政策研究中心、清华-卡耐基全球政策中心、草根智库、崇明生态研究院、海南低碳经济政策与产业技术研究院、中国与全球化智库、中国环境与发展国际合作委员会、中国（海南）改革发展研究院、中国能源研究会。

根据地区分析，合作智库与社会智库评价结果中较强的前 10 家智库中，60％分布在北京地区，20％分布在浙江地区，10％分布在上海地区，10％分布在海南地区，如图 4.45 所示。根据类型分析，合作智库与社会智库评价结果中较强的前 10 家智库中，60％为社会智库，20％为中外合作智库，10％为政企合作智库，10％为政校合作智库，如图 4.46 所示。

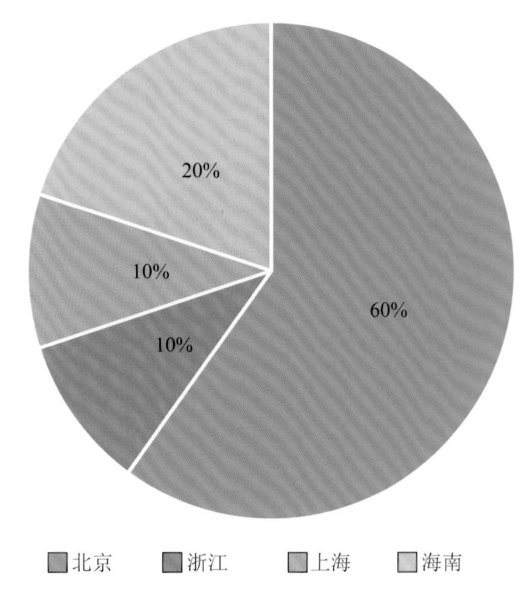

图 4.45 合作智库与社会智库评价结果地区分布图

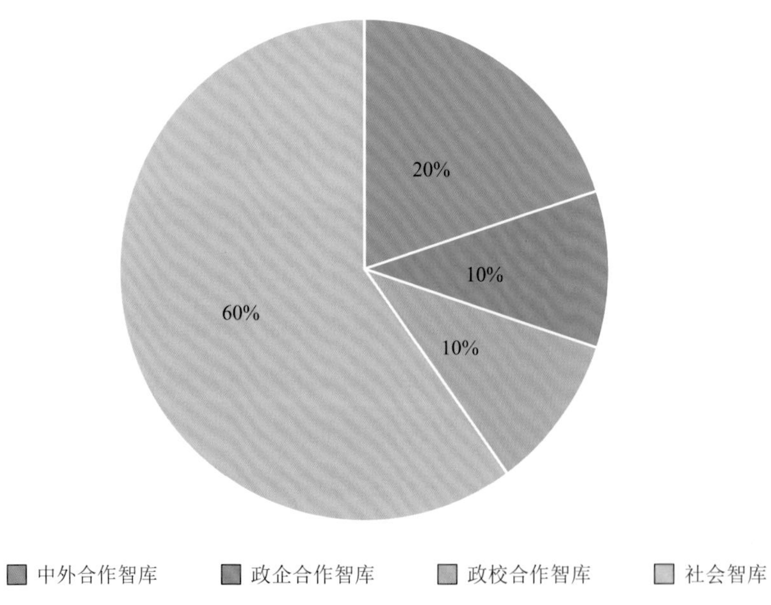

图 4.46 合作智库与社会智库评价结果类型分析图

4.3　两种方法综合评价结果及分析

由于有些智库不便公开数据或存在涉密性成果等诸多因素，导致机构调查问卷取得较为困难，很多同类研究主要采取专家问卷的定性评价方法。本章力求定性与定量相结合，并更多地侧重专家评议法，将机构问卷调查法的结果作为定量指标的参考，尝试对中国气候变化智库进行初步分析，得出最终的研究结果。

中国气候变化智库综合实力中总体较强的前 10 家名单：国家发展和改革委员会能源研究所、生态环境部环境规划院、国家应对气候变化战略研究和国际合作中心、中国科学院科技战略咨询研究院可持续发展研究所、中国社会科学院城市发展与环境研究所、国务院发展研究中心发展战略和区域经济研究部、清华大学全球可持续发展研究院、能源与环境政策研究中心、中国环境与发展国际合作委员会、盘古智库。

官方智库综合实力总体较强的前 10 家名单：国家发展和改革委员会能源研究所、生态环境部环境与经济政策研究中心、国家应对气候变化战略研究和国际合作中心、水利部应对气候变化研究中心、中国科学院科技战略咨询研究院可持续发展战略研究所、中国科学院生态环境研究中心、中国社会科学院城市发展与环境研究所、国务院发展研究中心发展战略和区域经济研究部、国务院发展研究中心资源与环境政策研究所、国家气候中心。

高校智库综合实力总体较强的前 10 家名单：北京大学气候变化研究中心、北京工业大学循环经济研究院、北京化工大学低碳经济与管理研究中心、北京师范大学气候变化与贸易研究中心、清华大学全球变化研究院、清华大学全球可持续发展研究院、兰州大学西部环境教育部重点实验室、武汉大学气候变化与能源经济研究中心、南京大学气候与全球变化研究院、南京信息工程大学气候与环境治理研究院。

合作智库与社会智库综合实力总体较强的前10家名单：能源与环境政策研究中心、清华-卡耐基全球政策中心、中国环境与发展国际合作委员会、崇明生态研究院、海南低碳经济政策与产业技术研究院、中国与全球化智库、盘古智库、山东生态文明研究中心/山东省生态文明研究院、中国（海南）改革发展研究院、中国能源研究会。

作为一个气候变化类的智库研究机构，综合实力是很重要的。从目前的分析来看，国内的气候变化智库整体实力仍处于发展上升期。

基本成长力方面，国内的气候变化智库优势集中在研究人员多数比例都为硕士以上学历，副高级及其以上职称研究人员比例较多，整体研究人才层次较高，机构成立年限和年度总研究经费额较为均衡。劣势集中在机构在职研究人员总数普遍较少，规模较为小型，不利于稳定发展。当前，中国气候变化智库与高端智库在资金、政策、人才等方面还存在一定的差距，建设营造更好的、有利的发展条件与环境是智库的基本能力。吸引多学科、交叉的专业性人才，有利于智库团队开展更综合、富有前瞻性的政策研究分析。基本成长力是气候变化智库的根本，基本成长力逐步稳定、趋于上升才能够形成优秀的智库成果。

政策研究力方面，国内的气候变化智库整体优势较为不明显，不论是从年度发表正式期刊学术论文数量、年度出版专著数量、年度各类研究项目数量，还是从年度中央和国家交办的研究任务数量、年度上级部门交办的研究任务数量、年度提交的咨询报告和调研报告数量来看都处于劣势的状态，尤其是高校智库。在政策研究力上气候变化智库整体情况较弱，难以很好地为国家科学地建言献策，提供优质高效的智力服务。一个合格的智库在政策影响力方面的要求是很高的，服务决策是智库的基本职责和核心功能，切实把党委政府、地方发展、人民需求作为研究的首要任务，用自身的主动作为和出色表现来找到更好的渠道推进决策科学化、民主化，为气候变化领域多做贡献，能够将智库报告顺利地呈现在决策者面前，这一点上中国气候变化智库更要加强。

信息传播力方面，国内的气候变化智库优势集中在所有微信、微博关注人数总量总体较多，阅读量较大。劣势集中在机构所有微信、微博年度发布文章总量，年度在报纸、刊物等媒体发表文章数量，本年度媒体报道本机构数量方面普遍整体较少，合作智库与社会智库更关注信息传播力方面的影响力。不难看出，当前智库对新媒体时代有效传播途径和方式的利用程度不够。随着信息技术的高速发展，智库需要将更多研究成果通过丰富的途径推送给公众以及潜在用户。智库竞争市场越来越开放，在各种新媒体上持续推出自己的专题宣传报道，及时发布与智库相关的成果与活动，提高信息传播力，有利于提升智库的公信度和美誉度。

公共影响力方面，国内的气候变化智库在四大能力中的这部分优势相对不明显。智库机构年度获省部级以上领导批示数量、年度申请专利及软件著作权数量、年度组织省部级以上会议次数、年度组织国际会议次数、年度接待外籍专家来访人次、年度出国访问人次比例都相对较少，尤其是年度申请专利及软件著作权数量。这表明，一方面在社会科学研究当中，自然科学方法运用较少。所以气候变化智库要找到社会科学规律和自然科学规律的本质联系，使得自然科学和社会科学相互渗透和融合。目前智库机构气候变化研究存在的普遍问题是只着眼于在已有学科的界限范围内研究问题，克服这些困境可通过在社会学科研究中补充自然科学方法来实现，既要体现各具体学科有自身的特殊性，又要吸收融合其他学科的知识，使具体的研究课题得到更好的解决。另一方面，国内智库国际影响力较弱。积极参与全球气候治理和增强气候谈判国际话语权，都需要中国气候变化智库提供必要与及时的思想支撑和智力支持，弥合知识与决策之间的鸿沟，贡献专家智慧。目前中国气候变化智库年度组织国际会议次数、年度接待外籍专家来访人次、年度出国访问人次总体而言相对较少。这与中国在全球经济社会发展中的地位是不相匹配的，也使得中国气候变化智库在全球市场上缺乏竞争力与话语权，对国际研究话语不熟悉，对国际问题的研究不够细致，智库同质性人员较多,缺乏国际人才的有效流动。所以,能够在国际会议上有力发声是非常重要和迫切的,未来应着力推动对中国气候变化智库国际话语权的积极提升。

参考文献

陈赟畅,黄卫东,2015. 协同视角下海归人员对智库国际影响力提升作用的研究[J]. 科技进步与对策,32(16):139-143.

李承贵,2002. 自然科学方法在社会科学研究中的应用及其限度[J]. 江西行政学院学报 (1):57-60.

李德昌,2003. 社会科学与自然科学内在融合的理性探析[J]. 西安交通大学学报(社会科学版) (1):92-96.

李名梁,王文静,2014. 天津市新型高校智库建设:现状、问题及对策[J]. 天津电大学报,18(3):63-68.

栾瑞英,初景利,2017. 4 种智库影响力评价指标体系评价与比较[J]. 图书情报工作,61(22):27-35.

上海社会科学院智库研究中心项目组,2014. 中国智库影响力的实证研究与政策建议[J]. 社会科学 (4):4-21.

王雨,2020. 中国特色新型智库建设与国家治理能力现代化[J]. 图书馆学刊,42(6):13-18.

魏一鸣,王兆华,唐葆君,等,2016. 气候变化智库:国外典型案例[M]. 北京:北京理工大学出版社.

吴景双,2012. 智库的成长基因解析[J]. 传承 (23):70-71.

詹姆斯·麦根,安娜·威登,吉莉恩·拉弗蒂,等,2017. 智库的力量:公共政策研究机构如何促进社会发展[M]. 王晓毅,等,译. 北京:社会科学文献出版社.

张鑫,文奕,2020. 面向智库评价的数据资源中心建设研究[J]. 智库理论与实践,5(3):58-67.

周湘智,2019. 中国智库建设行动逻辑[M]. 北京:社会科学文献出版社.

第 5 章　加强中国气候变化智库建设的思考与建议

智库的良好发展既能提高决策的科学化、民主化和法治化程度，扩大公众参与决策渠道，也能为国家发展和社会进步储备人才、创新思想、提供信息。近年来，在国家政策的有力助推与坚强保障下，各类智库蓬勃发展，已进入良性轨道。中国气候变化智库也在纷纷建立和发展壮大，取得日益丰硕的成果，为服务决策和服务大局做出积极贡献。

智库建设是一项长期的系统性工程，中国气候变化智库在快速发展的同时，不能忽视自身所存在的问题。尤其在当前形势下，国际格局加速演变和新冠疫情的全球爆发触发了国际社会普遍对人与自然关系的深刻反思，全球气候治理的未来更受关注。2020 年 9 月 22 日，习近平总书记在第七十五届联合国大会一般性辩论上郑重宣布，中国将提高国家自主贡献力度，采取更加有力的政策和措施，二氧化碳排放力争 2030 年前达到峰值，努力争取 2060 年前实现碳中和。如何在这样的全球气候治理新局面、新体系、新思路的指导下，提升应对环境挑战的行动力，为气候变化决策研究提出了新的命题，也为中国气候变化智库发展提出了新要求。因此，深度剖析中国气候变化智库存在的问题，并分析未来加强建设的发展思路尤为重要。

鉴于以上背景，本章在广泛资料调研、问卷调查与专家访谈的基础上，对中国气候变化智库存在的问题进行系统剖析。总体而言，中国气候变化智库整体能力与国外相比仍然较为薄弱，存在规模较小、运作模式不成熟、智库产品传播与影响有限等不足。然后，在此基础上，提出未来加强中国气候变化智库建设的四方面建议：一是要明确气候变化智库发展定位，二是要加强气候变化智库自身能力建设，三是要优化气候变化智库发展格局，四是要加强气候变化智库评价研究。希望通过问题分析与思考建议，为中国气候变化智库发展提供助力，以期未来能够形成气候变化智库研究合力，提升气候变化智库对国家气候治理决策的影响力。

5.1 存在的问题

5.1.1 基础研究与决策咨询融合不够

智库的决策影响力是指智库试图影响政策的最直接的办法，一般通过直接与政府决策机构建立正式或非正式的沟通渠道，将研究成果以书面形式或口头方式提供给政府机构的决策者，尽力使决策者理解并采纳自己的政策主张。对于气候变化相关决策咨询研究这个命题，当前大部分国内智库研究尚未做到基础研究与决策咨询的有机融合。气候变化方面的基础研究成果很多，但上升到决策建议层面的较少。从第4章相关定量表达中可以看到，中国气候变化智库完成政府交办研究任务、提交咨询报告以及获得上级政府批示的数量都不尽如人意。当前，中国气候变化智库在公共决策服务方面的缺失与不足可能有两方面原因：首先从宏观体制机制而言，气候变化智库参与决策咨询的通道尚未健全；其次，当前中国气候变化智库所属研究人员更多从事基础研究，将研究成果转化为决策咨询的意识较弱，尚停留在承担政府部门课题研究的阶段，缺乏影响决策的主动意识。

5.1.2 自然科学研究与社会科学研究衔接不足

由于目前中国气候变化智库架构有相当一部分是依托于生态环境相关部门或高校相关自然科学学科院系，大量智库专家学者的自然科学背景更深厚，尤其在高校智库中，研究人员多为兼职智库专家,本职仍然为自然科学背景的教授学者。在从事气候变化相关研究时,他们更多地从自然科学基础研究的角度进行,与社会科学研究衔接与融合不足。以IPCC报告为例,参与撰写报告的作者分为三个工作组:第一工作组——物理学基础;第二工作组——影响、适应和脆弱性;第三工作组——减缓气候变化。当前国内专家学者在IPCC报告撰写研究的参与极大程度地集中在第一工作组,即物理学基础研究的部分,而对气候变化的影响、适应与减缓等的研究相对较少。

5.1.3 整体影响力有限

智库的影响力除了体现在决策影响上,还体现在研究成果的传播上。智库专家学者及研究人员的研究成果和质量的影响力,主要通过发表文章、出版专著与发布报告等方式体现。从第4章的分析评估中可以发现,目前中国气候变化智库存在相关成果产出较少的情况。在梳理统计国外与中国气候变化智库发表文献时也清晰地看到整体研究成果数量上的差异。如果智库没有提出独立的思想与理论,或者其提出的思想观点没有在社会中产生广泛影响,那么,即使它的规模再大、经费再多、知名专家学者再集中,也不可能成为一流的气候变化智库。

此外,研究成果的社会影响力也是智库影响力的重要体现。通过各种媒体传播和推广研究成果,输出新理论、新思想和新观念的能力对于气候变化智库而言十分重要。从机构问卷调查分析可以发现中国气候变化智库的信息传播能力较弱,在新媒体上的年度发文量、被报道量都较少。智库的思想产品所坚持的价值理念与社会公益能在多大深度与广度上整合社会公众群体,决定了智库所具有的社会民意基础,并最终决定智库的社会影响力大小。简言之,社会公众如果认可智库的观点与主张,智库就能够发挥塑造舆论与引导舆论的作用。在智库与社会舆论的互动中,如果智库的观点基于专业性、独立性与战略性基础之上,那么就会相对容易获得社会公众的认可与信任,从而实现智库的社会影响力。而中国气候变化智库缺乏系统、顺畅的传播渠道与机制，尚没有形成气候变化智库发挥社会影响力的广阔平台。

5.1.4 人才管理机制有待提升

智库是知识密集型组织，尤其需要以合理的组织建构、稳定的管理团队、高效的运行机制来为知识创新提供机制保障。当前中国气候变化智库的人才管理机制面临以下方面问题。

(1)人才招收标准与智库定位不符

在第4章基础成长力分析中发现，目前中国气候变化智库的研究人员结构全部为硕士以上，副高级职称占比超过总数的50%。一方面可以认为气候变化智库研究的准入门槛较高，对学历要求较为严格，但另一方面，在招收研究人员时其学术科研能力占了很大比重，部分智库明确要求应聘者需要在国内外顶级、权威、核心期刊上发表过学术论文，这可能导致智库人员学术研究能力强，但社会经验与阅历不足。整体智库研究成果重学术轻实践，不利于科研成果向实际政策的转化。

(2)人才培养机制不完善

气候变化智库研究需要自然科学与社会科学综合素养兼备的复合型人才，然而在招收时多数是接受学术型训练的专业型人才，在进入智库后需要进行系统的培训，使其由单学科研究型人才转变为复合型人才。中国气候变化智库对于人才的培养重视不够，没有形成长远的人才培养计划，人才进入智库后转型困难，不能形成结构完善的人才储备。

(3)人才激励机制不完善

当前气候变化智库尚未形成合理的人才激励制度与利益分配机制，政策研究类成果缺乏完善的量化体系，决策咨询类结果不被纳入职称评定材料，人员长期从事此类研究却得不到应有的认可和荣誉，长此以往气候变化智库将失去可持续发展的内生动力。

5.1.5　合作交流机制尚不成熟

大量研究认为国际影响力是智库发展新阶段的核心竞争力重要维度。与全球知名气候变化智库相比，中国气候变化智库在国际合作交流与对外开放程度上仍存在一定差距。从第4章的指标分析中可以看到，中国气候变化智库举办的国际会议较少，接待外籍专家来访与出国访问人次也相对不足。当下，大部分气候变化智库的研究和咨询重点大多集中于国内现实问题上，缺乏对国际合作方面的统筹，活动方式多偏向于独自、内部运行。国际合作机构选择时缺乏主动筛选，以被动式合作居多。智库人员参与国际合作交流缺乏长期的固定机制，与国际著名机构的人员互访关系尚未形成。这样的情况不利于我国在全球气候治理与气候谈判中的话语权与竞争力提升。

5.1.6　官方与非官方智库发展参差不齐

中国气候变化智库整体的组织架构尚不完善，其多元体系的建设面临着诸多体制机制障碍。

从第4章可知，目前我国气候变化官方智库整体实力明显优于其他非官方智库。在67家中国气候变化智库备选池中，有23家为官方智库，占34.3%。我国气候变化官方智库的影响力最大，占绝对主导地位，在气候变化领域的研究成果和地位有独特的优势。智库的独立性是其价值的体现，研究必须遵循客观、公正、实事求是的原则，研究成果的立场要相对公允。而智库官方背景过强一定程度上可能会导致整个中国气候变化智库行政色彩较浓，缺乏来自社会各界的声音。

高校智库建设中面临无法将教学科研核心任务与发挥智库功能相统一、研究不接地气、资源较为碎片化、各学科单兵作战缺乏融合等弊端。在67家中国气候变化智库备选池中，有27家来自高校智库，数量最多，占40.2%，但是登上综合能力评价结果排行榜的高校智库却非常少。大量高校智库名存实亡,要么长期关门,要么几乎无此方面的定期报告,更无自己的刊物,甚至并没有自己的官方网站,大部分高校智库只是高校下属的一个研究机构,无法查阅其在气候变化领域的作为。而国际上大量高校智库在气候变化研究领域发挥了不可忽视的关键作用。魏一鸣研究组在《气候变化智库:国外典型案例》一书中指出,综合影响力排名前50名的全球气候变化智库有23所来自于高校智库,占46%。高校智库是气象变化智库研究的主力军之一,具有智力密集、学科综合交叉、国际学术交流的广泛优势。而中国气候变化高校智库存在数量与质量发展不均衡的问题,在定位上更多的只是单纯的科研机构,与献言建策的智库属性有一定距离。

中国气候变化智库多数来源于官方智库和高校智库,合作智库与社会智库数量不多,大部分发展不具规模。咨询服务市场严重不健全,使得合作智库与社会智库无法及时将果转化为收益,在市场选择中缺乏成长空间,这可能导致中国气候变化智库不能建立良好的体系,合作智库与社会智库的气候变化相关研究成果无法直接体现在公共决策中。中国气候变化合作智库与社会智库缺乏独立性和格局性,在进行气候变化研究与咨询时还是倾向于顾虑决策者的意图,使得研究报告缺乏一定的客观性,认可度较低。

当前四类中国气候变化智库中不乏规模可观、影响力强的机构,但各类智库间不能形成良性竞争,研究力量相对分散,气候变化智库“百花齐放、百家争鸣”的局面尚未形成,不能在国家气候谈判与气候治理等内政外交工作中发挥最大效益。

5.2 思考与建议

5.2.1 明确气候变化智库发展定位

坚持正确的政治方向和学术导向,坚持党的领导。开展气候变化智库研究，一定要明确“为什么研究”“为谁研究”的问题。气候变化是一个全球性问题，但中国气候变化智库进行相关研究是要为现代化国家治理体系的形成服务，这是中国气候变化智库建设的大前提。智库发展必须以习近平新时代中国特色社会主义思想为指导，立足新发展阶段，贯彻新发展观念，构建新发展格局，牢牢把握智库建设的政治方向，科学把握中国特色气候变化智库的内涵和原则，立足中国国情，确立中国标准，体现正确的政治方向、价值取向和研究导向。习近平总书记在2020年12月12日的气候雄心峰会上宣布了中国国家自主贡献的一系列新举措，并提出了碳达峰、碳中和的具体目标。这一重要宣布为我国应对气候变化、绿色低碳发展提供了方向指引，擘画了宏伟蓝图。在这样的大背景下，气候变化智库更应通过自身努力，强化中国在应对气候变化等重大国际问题上的整体谈判能力，使中国决定与中国贡献得到国际社会的广泛认可，体现中国作为全球大国的责任和担当。

5.2.2　加强气候变化智库自身能力建设

(1)夯实基础，提升基本生长力

优质的人才是智库发展的内生动力，中国气候变化智库需要完善人才管理及培养机制。**首先，不断优化人才结构。**气候变化智库研究的问题兼具自然科学与社会科学属性，需要研究人员的来源和构成具备多元化的特点，高端的学术研究专家必不可少，只有站在学术研究领域的最高点、最前端，才能打好气候变化问题的研究基础，引导正确应对气候变化的方式。实际熟悉政策运作的实战人才必不可少，智库研究的最终目的是影响决策，能够聚集具备全局性站位的人才十分重要。优秀的管理人才也必不可少，智库作为实体运行机构，资金管理、项目运行、成果推广都需要专业人才全流程实际操作管控。**其次，不断完善人才激励机制。**形成合理的利益分配机制，完善以实际贡献、工作业绩和岗位职责为主要考核指标的收入分配机制。尊重知识产权，鼓励思想和理论原创，探索有利于智库人才发挥作用的多种分配方式，建立健全与岗位职责、工作业绩、实际贡献紧密联系的薪酬制度。提供合适的生活条件与工作环境，建立物质和精神并重的激励机制，吸引人才，留住人才。**最后，不断优化人才培养机制。**加强气候变化智库研究人员的教育培训，在招收优质人才、留住优秀人才的同时培养优秀人才。制订长期的人才培养规划，分阶段、分层次地对研究人员进行有针对性的培训。全面提升研究人员自然科学背景、社会科学研究能力，通过外派留学、访问、政府部门挂职、职位轮转等灵活方式增加历练积累经验。

(2)深度融合，提升政策研究力

积极服务决策需求，主要是做好对策研究、咨政建言，这是智库研究的根本特征。气候变化智库要适应当前政府的决策需求，主动开展前瞻性、针对性、储备性政策研究，着力聚焦当前气候变化相关的经济社会热点、难点问题研究，多建睿智之言，多献务实之策，真正发挥“外脑”和“参谋”的作用。当前国际国内形势复杂多变，在新时期应对气候变化工作、绿色低碳发展和生态文明建设都对气候变化智库的政策研究能力提出了更高的要求，如何从应对气候变化的角度促进经济结构、能源结构、产业结构转型升级，推进生态文明建设和生态环境保护，持续改善生态环境质量，对于加快形成以国内大循环为主体、国内国际双循环相互促进的新发展格局，推动高质量发展，建设美丽中国，具有重要促进作用。同时也有助于推动构建公平合理、合作共赢的全球气候治理体系，不断提升我国作为全球生态文明建设重要参与者、贡献者、引领者的地位和作用，彰显中国积极推动构建人类命运共同体的大国担当。

中国气候变化智库当前面临着无法有效地将气候变化研究转化为决策咨询成果的问题，并且在研究过程中缺乏对自然科学与社会科学的有机融合。注重研究成果的及时有效转化将是未来中国气候变化智库发展建设中的一个重点内容。

如何提升研究成果的质量与转化率？**首先**，要把握研究方向，在大局观下进行思考、谋划、行动，始终以国家和人民的切实需求出发，始终调整自身定位以不断满足新形势下国际国内环境的需要。**其次，要注重学科间的融合。**气候变化智库有自然科学与社会科学双重研究属性，智库研究一定要做到将气候变化自然科学基础研究与社会科学研究的融合。中国碳排放和碳中和目标除了涉及基础的气候变化与能源科学研究，还涉及调整产业结构、优化能源结构、节能提高能效、推进碳市场建设、提升适应气候变化能力、增加森林碳汇等一系列措施，如何在这类重大方向的指引下做好学科交叉融合的气候变化研究是智库未来发展的重点。

(3)加大宣传，提升信息传播力

在对中国气候变化智库建设的诸多创新讨论和实践中，如何通过提升信息传播力增加影响力是一个重点内容。扎实且具有指导性、前瞻性的研究是气候变化智库能力提升的一方面，科学、高效的传播则是值得关注的另一方面。**首先，要有针对性地快速发布研究成果。**新媒体环境下的信息传播、知识传播具有多渠道、多源头、易获取、无疆界等特征。气候变化研究是当前全球热点问题，成果产出层出不穷、日新月异，要不断保持对研究成果的动态持续发布，对政府和公众的持续不断地、有针对性地输出成果，既要有高品质又要及时易被接受，以达到最大的影响。**其次，要主动传播观点，勇于发声。**以往气候变化智库研究成果可能主要通过官方渠道进入决策部门，没有对公众保持透明化，导致影响力不高。针对这样的状况，智库应区分研究议题密级，分层次将重大议题统筹与日常学术传播并行，做好推广。**最后，要充分发挥社交媒体作用。**社交媒体的发展为智库提供了更好的发展机遇，在公众普遍对碎片化信息接收度提高的今天，应迅速反应，及时利用机遇，将“高大上”的学术成果、政策建议转化为亲民的、接地气的传播方式，顺应媒体和网络技术的发展，吸引更广泛的受众与社会公众建立更深层次的链接，促进气候变化研究的双向链接。

(4)扩大开放，提升公共影响力

在全球气候治理的大背景下，气候变化智库是其中重要的参与者、贡献者，是影响全球气候谈判的一支重要力量，是掌握全球气候治理话语权、规则制定权的重要组成部分，是国家参与全球气候谈判的合作与竞争的新发力点。同时，智库也应参与全球气候治理规则规范磋商，提升应对全球气候变化谈判的专业性可靠性，推动形成更加科学、合理和公正的全球气候治理体系。以《联合国气候变化框架公约》缔约方大会为例，在会议表决《巴黎协定》实施细则的谈判过程中，以美国皮尤全球气候变化中心、德国波茨坦气候影响研究所、瑞典斯德哥尔摩环境研究所、丹麦哥本哈根共识中心等为代表的全球性、专业性的气候变化智库扮演着重要角色，深度参与和影响联合国气候变化大会。随着全球气候治理的专业性、协作性和竞争性不断深化，气候变化智库成为影响全球气候研究、谈判和行动的重要新兴力量。唯有深化智库合作交流机制的改革，才能助力我国在新形势下更好参与全球气候治理。要在国际事务中加大话语权，智库应具备全球化思维，主动利用好优质国内外资源，包括人员资源、组织资源、网络资源，推动中国气候变化智库梳理国际形象和地位，更多地参与全球气候治理的国际合作，在国际组织中谋求更重要的管理地位。智库应通过国际论坛、峰会和出访等形式开展国际交流并建立互访制度，将国际先进经验和理念“请进来”。成果应通过发表论文、出版外文著作等方式输送中国气候变化治理与应对气候变化的经验和观念“走出去”。

5.2.3 优化气候变化智库发展格局

(1)完善决策咨询制度

中国气候变化智库当前面临着研究内容难以转化为决策咨询成果的问题，原因之一在于没有畅通的气候变化智库参与决策咨询的通道。首先，应从顶层设计的角度进一步建立健全决策咨询法律法规，把决策咨询纳入法定决策程序，实现专家咨询制度的法制化。这有利于政府及时发布决策需求，确定研究课题，也有利于智库成果的采纳。例如，碳中和、碳达峰相关研究课题是当前应对气候变化问题的重点之一，应积极开放决策咨询通道及平台，宏观统筹研究课题，最大限度地调动气候变化智库研究力量。其次，要完善重大决策意见征集制度，涉及应对气候变化相关的决策事项，要通过矩形听证会、座谈会、论证会等形式，广泛调动气候变化智库的专业研究力量，通过丰富意见征集形式与平台，使气候变化智库直接参与应对气候相关政策的制定。最后，应完善信息支持政策，增强决策公示和信息公开力度，使得政策研究者能够获得研究所需的准确信息与数据，这对于气候变化智库研究成果的有效转化具有决定性影响。

(2)加快多元化智库体系构建

中国气候变化智库类型丰富，数量众多，官方智库、高校智库、合作智库、社会智库的发展都存在各自的特点，也都有各自的困境，目前难以形成互补机制。只有构建多元化的智库体系，早日形成不同类型的智库合力，形成优势互补，才能提升气候变化智库对国家气候治理决策的影响力。积极发展多类型、多层次智库，推进不同类型智库发展由分散向集聚转变、由封闭向开放转变、由各自为战向联合攻关转变、由固定不变向流动组合转变，使多种类、多形式、多功能的智库形成分层分类、协同有序的发展格局。建立智库组织的标准和运作流程，发挥党和政府联系智库、学者的桥梁作用，促进新型智库建设的专业化和集群化。官方智库要充分发挥其渠道和信息优势，高校智库要充分发挥人才优势，合作智库与社会智库充分发挥社会力量与传播优势。只有分工明确，才能互补长短、各尽所能。

(3)强化资金支持

气候变化智库绝大部分都是实体机构，资金保障对于其良好的运营发展至关重要。经费来源在一定程度上会影响智库产品的价值取向，所以保证独立的财务运营对于智库观点的独立性与创造性非常重要。智库成果的知识产权意识在目前仍较为薄弱，尤其是气候变化相关的研究市场还几乎没有建立起来。所以当前时期，应注重顶层设计与资金的宏观统筹，设立国家财政智库预算，体现政府购买智库服务的需求，建立完善的智库发展扶持机制。为防止智库观点与智慧被资本裹挟，要制定严格的捐赠规则，保证资金资助与课题研究的分离，最大限度地保证智库研究的独立性。同时，在智库内部设立专门的运营部门，将研究人员的精力从“找项目”“找投资”上分离出来，保证其在不受干扰和干涉的情况下进行气候变化相关政策研究。

5.2.4 加强气候变化智库评价研究

中国气候变化智库虽然在当下仍存在有种种问题与不足，但积极开展气候变化智库的研究对国家发展具有现实的意义，应对气候变化既是我国适应和减缓气候变化的必然要求，也是我国参与全球气候谈判、赢得更多发展空间和时间的现实要求。气候变化智库的研究与评价不仅对气候变化智库自身能力提升与建设起到一个导向的作用，而且更加明确了气候变化智库的角色定位，并且有助于气候变化智库建设的发展完善，因而对于气候变化智库的整体发展不容小觑。

智库评价在全世界来看都是一个难题，特色智库由于专业背景更强，对其评价变得更加困难。当前智库评价体系多样化，但都或多或少存在一些问题，包括：过于热衷排名，忽略智库整体布局；过度聚焦影响力，忽略智库整体健全发展；评价周期较短，忽略智库全局观和整体效应等。不科学、不系统的智库评价体系会影响智库整体的健康发展，导致智库发展方向的迷失。

建立一套客观公正的气候变化智库评价标准和评价机制，并与国家智库发展基金、选题机制相结合，形成具有学科发展特色的基于智库实力、研究质量、政策采纳情况、社会认可度和公信力等指标的完整评价体系对于气候变化智库的发展建设尤为重要。本书初次以四个维度为评价标准，并结合专家评议对中国气候变化智库的基本情况进行了梳理与分析，研究尚处于初步探索阶段，未来希望能够采取更多、更完善的方式，优化气候变化智库评价体系。同时从宏观层面而言，政府、学术界、社会应合力从多方面、多角度对气候变化智库进行评价，囊括更多的评价指标，包括资源性指标、效用性指标、输出型指标、影响力途径、风险评估、应用途径等，并通过评价结果设置奖励标准，激发智库创新活力，优化智库管理体制，为构建更具影响力的中国气候变化智库系统奠定基础。

参考文献

陈媛媛，李刚，关琳，2015. 中外智库影响力评价研究述评[J]. 新疆师范大学学报(哲学社会科学版)，36(4)：35-45.

范东君，2015. 坚持“五个结合”建设新型智库评价体系[N]. 中国社会科学报，2015-06-03.

李凤亮，等，2016. 中国特色新型智库建设研究[M]. 北京：中国经济出版社.

陆蒨，唐娜，2015. 智库影响力及其提升策略的研究[J]. 文教资料(24)：68-70.

澎湃新闻，2019. 智库观察|中国官办智库参与政府决策面临哪些问题？[EB/OL]. [2019-07-31]. https://www.thepaper.cn/newsDetail_forward_4049707.

上海社会科学院智库研究中心，2016. 2015 年中国智库报告——影响力排名与政策建议[M]. 上海：上海社会科学院出版社.

王文，2014. 打造有国际影响力的中国智库品牌[J]. 对外传播(5)：33-34.

魏一鸣，王兆华，唐葆君，等，2016. 气候变化智库：国外典型案例[M]. 北京：北京理工大学出版社.

张希敏，2009. 中国智库应具备七个要素[J]. 政府法制(32)：7.

中国网智库中国，2017. 中国智库建设面临的问题与建议[EB/OL]. [2017-06-28]. http://www.china.com.cn/opinion/think/2017-06/28/content_41110833.htm.

周湘智，2019. 中国智库建设行动逻辑[M]. 北京：社会科学文献出版社.

朱旭峰，2016. 智库评价排名体系：在争议中发展完善[N]. 光明日报，2016-02-03.

附录1　中国气候变化智库机构调查问卷

一、基本生长力

1. 在职研究人员总数为(　　)。

A. 50 人以下　　B. 50～100 人

C. 100～200 人　　D. 200 人以上

2. 副高级及其以上职称的人数比例为(　　)。

A. 20%以下　　B. 20%～30%

C. 30%～40%　　D. 50%以上

3. 硕士及其以上学历人数比例为(　　)。

A. 20%以下　　B. 20%～30%

C. 30%～40%　　D. 50%以上

4. 本年度总研究经费为(　　)。

A. 200 万元以下　　B. 200 万～500 万元

C. 500 万～1000 万元　　D. 1000 万元以上

5. 机构成立年限为(　　)。

A. 5 年以下　　B. 5～10 年

C. 10～20 年　　D. 20 年以上

二、政策研究力

6. 本年度发表正式期刊学术论文数量为(　　)。

A. 50 篇以下　　B. 50～100 篇

C. 100～200 篇　　D. 200 篇以上

7. 本年度出版专著数量为(　　)。

A. 5 部以下 B. 5～10 部
C. 10～20 部 D. 20 部以上

8. 本年度各类研究项目数量为(　　)。
A. 20 项以下 B. 20～50 项
C. 50～100 项 D. 100 项以上

9. 本年度中央和国家交办的研究任务数量为(　　)。
A. 2 项以下 B. 2～5 项
C. 5～10 项 D. 10 项以上

10. 本年度上级部门交办的研究任务数量为(　　)。
A. 10 项以下 B. 10～20 项
C. 20～50 项 D. 50 项以上

11. 本年度提交的咨询报告和调研报告数量为(　　)。
A. 10 篇以下 B. 10～20 篇
C. 20～30 篇 D. 30 篇以上

三、信息传播力

12. 机构所有微信、微博关注人数总量为(　　)。
A. 100 人以下 B. 100～500 人
C. 500～1000 人 D. 1000 人以上

13. 机构所有微信、微博年度发布文章总量为(　　)。
A. 30 篇以下 B. 30～50 篇
C. 50～100 篇 D. 100 篇以上

14. 本年度在报纸、刊物等媒体发表文章数量为(　　)。
A. 20 篇以下 B. 20～30 篇
C. 30～50 篇 D. 50 篇以上

15. 本年度媒体报道本机构数量为(　　)。
A. 10 次以下 B. 10～30 次
C. 30～50 次 D. 50 次以上

四、公共影响力

16. 本年度获省部级以上领导批示数量为(　　)。

A. 5 次以下　　B. 50～10 次
C. 10～20 次　　D. 20 次以上
17. 本年度申请专利及软件著作权数量为(　　)。
A. 10 项以下　　B. 10～20 项
C. 20～30 项　　D. 30 项以上
18. 本年度组织省部级以上会议次数为(　　)。
A. 没有组织　　B. 1～5 次
C. 5～10 次　　D. 10 次以上
19. 本年度组织国际会议次数为(　　)。
A. 没有组织　　B. 1～3 次
C. 3～5 次　　D. 5 次以上
20. 本年度接待外籍专家来访人次为(　　)。
A. 10 人次以下　　B. 10～30 人次
C. 30～50 人次　　D. 50 人次以上
21. 本年度出国访问人次为(　　)。
A. 10 人次以下　　B. 10～30 人次
C. 30～50 人次　　D. 50 人次以上

附录2　中国气候变化智库专家调查问卷

请您在下面每个分项评价中，给出排名前1～10的气候变化智库序号，不在备选池中的填写智库名称。（备选池见表2.1）

1. 按综合能力评选

请您在所有气候变化智库中，给出排名前1～10的智库序号。

(1)________________　(2)________________

(3)________________　(4)________________

(5)________________　(6)________________

(7)________________　(8)________________

(9)________________　(10)________________

(11)____其他请推荐________

2. 按机构所属性质评选

请您按照气候变化智库所属性质分类，给出排名前1～10的智库序号。

2.1　官方智库

(1)________________　(2)________________

(3)________________　(4)________________

(5)________________　(6)________________

(7)________________　(8)________________

(9)________________　(10)________________

(11)____其他请推荐________

2.2　高校智库

(1)________________ (2)________________

(3)________________ (4)________________

(5)________________ (6)________________

(7)________________ (8)________________

(9)________________ (10)________________

(11)　其他请推荐________

2.3　社会智库或企业智库

(1)________________ (2)________________

(3)________________ (4)________________

(5)________________ (6)________________

(7)________________ (8)________________

(9)________________ (10)________________

(11)　其他请推荐________

3. 您对本研究的其他意见与建议

____

附录3 中国气候变化智库专家咨询会发言纪要*

气候变化智库调查研究第一次专家咨询会专家发言纪要

时　　间：2018年10月18日星期四
地　　点：中国气象局机关楼七楼会议室
参会人员：来自多家高校智库的专家，编写组成员

主持人：各位专家老师们，大家上午好，首先非常欢迎各位专家。我们此次会议的主题为中国气候变化智库调查研究。当今世界，气候变化问题是各国共同面对的重大挑战，也是能源经济、地缘政治与国际关系的重要研究议题。中国各类气候变化智库在气候变化科学与政策研究、支撑国家内政外交工作方面做出了突出的贡献，但是目前力量相对分散，尚不能形成智库合力，亦不能在国家气候谈判与气候治理等内政外交工作中发挥最大效用。因此，我们气候变化智库研究项目组拟开展气候变化智库研究工作，旨在进一步摸清中国气候变化智库的研究与建设情况，以期未来能够形成气候变化研究合力，提升气候变化智库对国家气候治理决策的影响力。研究组的工作现在处于一个初步的阶段，仅仅是一个开始。从2015年开始，本研究组以《中国智库名录》（社会科学文献出版社）所涵盖1137家智

* 为保证专家意见完整性，发言纪要尽可能保留座谈会交流原始内容。

库为基本数据库，同时结合专家意见和网络资料调研，从以上千余家智库中，遴选出67家气候变化智库，组成中国气候变化智库备选池进行研究，并试图走出去，到一些智库部门进行调研。希望各位专家能够对中国气候变化智库问卷调查和评价体系提出宝贵的意见和建议。今天我们主要围绕这个主题请专家们发表高见，谢谢。

专家一：对于中国气候变化智库来讲，话语权的问题是目前的重中之重，取决于三个方面：①人力的限制。最重要的还是中国人在国际组织能否担当要职，不管是在官方智库还是在社会智库，占有重要地位也就占据了重要的话语权。或者中国作为国际组织的参与方、共同的发起方。政府应多主导一些国际会议，在现有的国际组织框架内，多派出人员担任重要职务，涵盖中层到高层。希望从国家层面来积极推动这种变革，在现行体制下，多输送我们的人才到里面去。比如联合国的国际谈判，跟国内的严密立法体系完全不同，起草、讨论，参与或不参与有很大区别。②中国也要积极地参与到国际会议中。这个中国气候变化智库的研究非常好，不管是官方智库，还是社会智库，都要服务党和政府的决策，服务国家利益，“学术无禁区”，但是学者是有祖国、有国籍的，这不可避免。在国际上大家会利用很多国际论坛来服务他们的利益。比如说环境治理、气候变化等问题，这些都需要中国更多地参与组织国际会议，对于我们智库专家个人来讲，很有必要强化中国学者在国际上的话语权，要经常参加会议，经常出现，经常发言。③我们自己可以主导一些国际组织，或者建立建设相关组织，这些都很重要，通过基金会或其他方式在全世界发挥影响。作为智库要明确我们的目标、战略。

总之一句话，作为一个研究者或是智库，我们要客观地、平等地、对等地交流；另一方面，我们要从经济发展、软实力等方面，在未来更长时间，提升话语权、影响力等。

专家二：我觉得在中国气候变化智库的大选题下，我们可以做很多事情。我们这个机构最初、最典型的研究是国际经济，后来就做国际经济贸易。我们在2009年之后转型研究气候变化下基础商品的能耗问题、排放问题、污染转移的规制问题。我刚从德国回来，之前看到的德国研究思路和我们的不一样。我们研究的点随着发展而展开。后来我们开展气候变化下的经济政策问题的走势研究，最典型的是碳市场理论到实践。现在我们合作的课题，是一个有关气候变化下的节能减排研究，从一个很小的点联系中国经济，与国际接轨。现在我们开始应用经济研究，我觉得正好契合你们气候变化智库的研究，都是综合研究。我也在承担一些智库项目或咨询项目，以前总觉得是各个机构自己独立在做，现在我觉得要交叉、合作，才能够最后出成果，实现绿色高效可持续发展。中国未来气候变化下我们智库怎么做，是很重要的问题。

专家三：我们中心响应学校的号召，与美国某实验室能源政策研究小组有交叉合作。当时的交流有一个国际背景，在他们的支持下，国内以经管学院的老师为主，部分学院的相关老师也加入了我们中心，学校在前期资助我们运转的费用。我们是开放式的、自由的，借助校内的平台在低碳领域共同交流，在这个宗旨下还是取得了一些成绩。

我们和化工学院合作了煤化工项目。因为他们前些年煤化工做得比较好，有战略储备，只是技术成本偏高，但是考虑到石油和煤的问题，国家必须要实施战略储备。化工学院成立了能源专业，我们跟他们的老师有一些项目合作，尤其在减排方面，涉及碳的减排、污水的减排、其他有害的（可能是污染天气的，不一定是温室）气体，涉及有毒有害的气体，然后研究的领域一部分由老师们做技术支撑。另外我们服务的行业多一点，关于碳排放的一些标准，国内我们有7大试点行业。关于石油、石化、指标体系、碳配额、行业减排等的目标战略，这一块我们参与得比较多，是和联合会一起去做这方面的事情。同时我们还会和国家低碳合作中心有一些合作，更偏于国家级行业标准的制定。关于北京市的碳核查，我们也有老师在支撑这项工作，我认为现在低碳研究偏窄，应更大地上升到绿色发展领域。

主持人：非常感谢各位专家。

气候变化智库调查研究第二次专家咨询会专家发言记录

时　　间：2018 年 10 月 24 日星期三上午

地　　点：中国气象局机关楼七楼会议室

参会人员：来自多家官方、高校、合作、社会智库的专家，编写组成员

专家一：在基础研究能力和长期的积累基础上做出战略研究报告，战略研究要想做得好需要长期的积累和稳定的队伍。我要强调的是国际上的交流合作也特别重要，气候变化研究是一个全球性的课题，要以国际的视角，用大家都能听懂的语言阐述这些故事和观点，这样发表出来的东西才有影响力与公信力。气象局有先天优势，一是离政策层面近；二是数据扎实，人员也在增加。如果能把国内智库联合起来，形成一个交流中心或平台，形成有形的东西，比如年会、活动的支持，把事情做大且有影响力，以发表文献做成果，我觉得这方面能做一做。其实可做的事很多，关键是平台建起来，队伍建起来，吸引年轻人，可持续性地做，这样才有积累，可以做得更好。

主持人：联合国会费在逐年增加，中国作为第二大会费国，仅次于美国，但是形成鲜明对比的是，在联合国的各个机构中我们中国的职员非常少，国际职位非常少，中级职务尤其少。联合国的体系属于西方制度，采用的是他们的规则、他们的语言，其中我们中国人的声音非常少，很难切入进去。个人认为在气候变化这个领域，大国要走出去，是与科学家能不能联合起来，能不能真正地把劲往一块使到刀刃上关系紧密。我觉得如果方方面面都涉及，应该很快就能完成。

专家二：我个人的感受，重大的问题是智库间的内部壁垒。我们应该做到“研究无禁区，外部有纪律”。其次，渠道的畅通也是很重要

的一点。要以国家利益为主，敢于担责任，智库值得去建设，局面慢慢会改变，遇到困难一定要坚持。气候变化涉及方方面面，与粮食安全、水安全问题等现实问题相结合。我觉得气候变化下的水安全问题，在亚洲和非洲都很严峻，亚洲比非洲严峻得多，我希望关注如何应对水安全的问题。气候变化到底用什么减排，涉及能源结构的问题，很多东西值得去关注。最后是数据的积累。长期的关注，长期的积累，对我们的研究有很大的帮助，希望可以尽我们的微薄之力做一些事情。

专家三：气候变化这个学科比较综合，北京市涉及多个部门，我们的研究可能更窄一些，主要是两大块：减缓和适应。重心更多是在减缓这块，减少排放的角度。近年来，我们作为一个试点单位，开展本市应对气候变化政策、规划、制度等方面的研究；受市发展改革委员会委托，承担应对气候变化国际交流和项目合作具体工作；协助开展碳排放交易相关工作；承担应对气候变化宣传、咨询服务和数据收集整理等工作。一方面是通过分析，找到碳排放的重点，作为决策参考；另一方面，是有关配额分配如何公平，涉及利益、低碳标准的制定。现如今研究热点也是从减缓转变到适应型。有人觉得气候变化没必要，有人觉得能源节约了，二氧化碳排放就减少了，实际上这块我觉得节能和碳减排有很大的关系，但是节能需要采取一些手段，可能一些手段更多依靠行政的手段来实现。

专家四：如果仅仅是从数据储备的角度来讲，一定要有一套机制维护这个数据，如果你不去维护这个数据就会发现过五年以后甚至不用过五年就不好用了，这个东西动态变化太多。如果你的目的不仅仅是采集一个数据本地，而是搭建一个平台，把这些人联合在一起，就一定要先把你做这件事的目的搞清楚，可以借助一些数据的手段，大家一起用这个平台。另一个思路，可以聘请一个外部通道进行信息报送，这样有很大帮助。再有，一定要有自己发声的位置，这很重要。这是我们自己的看法，建立这样一个机构或是某一种形式。战略研究也好，统计数据也好，数据本身就是数据，数据背后的东西可能是我们不了解的，我们很大一块要在自己研究的基础上配合专家开展。分两步走，专家观点集中，并以数据研究作为本底，将二者融合到一起。

专家五：本人有几点想法，首先可能还得软硬结合，光给研究数据还是不行，在侧重战略规划、影响评估方面还要加强。还有一点，我觉得作为一个智库机构，也要有自己的全球战略，包括亮点，以及个体与网络的结合，有所为有所不为，要体现中国气象局的特点。战略讲“小核心、大网络”，智库研究就是这样的，横向的和纵向的相结合。再有就是，可以扩大你的影响力。当然智库研究预测未来永远是重点，但历史数据也要去结合，宏观和微观的结合，再有埋头苦干和积极宣传的结合，否则做了很多工作没人知道。我们在大型会议没有发声，以后重要的会议要有我们的声音，要加强这方面，给气候变化研究者一个平台和舞台。原来可能是从能源和排放角度来说，现在是从环境和污染角度来说，不要讲那么大的目标，就关注你身边的环境。

专家六：今天我和大家分享的主要包括三个方面：一是作为一家社会智库近几年的探索；二是我们对于智库研究的一些理解；三是几点建议。我们是响应习近平总书记的号召，建立中国新型智库体系成立的纯民间的社会智库。我们的主要研究方向是三大领域：一是国际关系，主要是以全球治理和一带一路为重点研究；二是创新驱动，包括人工智能，节能环保、战略新型产业；三是宏观经济与金融。我们发展的几年间汇聚了几百位顶尖的专家学者、企业家以及政府相关的领导作为我们的专家，我们也成立了若干个研究中心，包括节能环保、一带一路、东南亚、印度、俄罗斯、一带一路重点国家的研究中心。具体来讲我们每年都会举办平均几百场国内外的交流活动，作为为数不多的智库参与者，我们智库的服务对象有三个层面：一是中央；二是部委，包括外交部、网信办；三是地方政府。主要开展战略合作伙伴规划咨询等，产品包括电报、培训、讲座、报告、媒体文章等。

我们智库既要能做也要能说，和媒体的合作有很多渠道，非常广泛，目前来看效果还不错。我们研究的内容跟今天这个会议相关的有两个方面：一是气候治理，也是全球治理当中的最重要的一方面；二是节能环保，包括煤炭的清洁利用等与气候变化相关息息相关的一些治理。从我们的观察来看，国外的智库有一些特点：一是跟中国不一样，国外的智库专家对于政策的了解、政策的介入比中国要好一些，优势或弊端在于智库学者背后有一些利益的捆绑；二是他们的分工协作特别细，有一个机制的高效，在机构的设置上是以高效优先的；三是他们非常善于构建国际影响力。智库研究和学术研究还是有一定区别的，比方说学术研究是开拓科学的边界，但智库的研究是在拾麦穗，我只需要知道你的麦穗放在哪里更合适，把它拾起来放进去。归纳来看智库研究的特点有：一是实用性，智库研究包括一些部委的研究都是有很明确的导向性，着重强调它的实用性；二是智库面临的现实问题是多维度的，不单单是某一个部门，或是某几个部门，广泛性、时效性，中美关系贸易战的变化，政策、未来走向，都必须要结合。

第三部分是我的一些建议，智库研究首先要快，基于我们的观察，对于研究者的要求，效率是最优先的，我们要保障效率首先要联合研究，平台共享、资源共享很重要，搭建平台很关键，因为如果光靠自己的力量去研究，人员有限，而且还有其他的任务。第二我非常认同前面老师说的国际合作、国际交流的重要性，因为高质量的交流能够帮助我们推进务实的实际合作，推进我们中国的想法向外传播。第三是有深度，可能未必短时间能做到，我们的研究机构智库转型最重要的是目标的导向性。第四是合作，尤其在“一带一路”、人工智能等方面。这个问卷非常好，但是信息传播率数量级有些保守，问卷选项 12、13、14，微信的关注人数可以以万为单位，作为社会智库比较关注这一点。

主持人：非常感谢各位专家。

气候变化智库调查研究第三次专家咨询会专家发言记录

时　　间：2018年10月24日星期三下午

地　　点：中国气象局机关楼七楼会议室

参会人员：来自多家官方智库的专家，编写组成员

专家一：我们机构主要任务是服务发改委，也会有一些自主选题，包括国际合作、自然科学基金的一些项目。

我们在气候变化方面开展的工作主要有以下几个：①关于气候立法的战略；②国际谈判；③国内履约，包括温室气体清单、国家信息公报的编制；④清洁发展机制（CDM机制），帮国家管理清洁发展机制方面的项目；⑤碳市场的研究，行业、城市低碳发展的一些战略；⑥能源战略、节能减排、国家能源规划等。从研究的产出来说，我们也在想要形成一些拳头的报告，之前主要是各个研究部人员根据自己的兴趣和课题，去写书、发文章，公开发表的内容还是比较谨慎的，我们内部的政策报告比较多。

您的智库备选池表里列得非常多，但有一些列入的机构可能还需要考虑，还有一些机构是列表里面没有的需要添加。比如，我知道有一家机构对某省提供气候变化方面的决策支撑；另一家机构是一个跨院系的组织，我知道它对某市的低碳经济是起到比较大的作用的。实际上，还有一部分机构可能不能严格算作智库，比如一些低碳交易所，但它们对地方低碳方面发挥了重要支撑作用。我们调研过，像某市经济发展研究院，是在支撑当地的低碳发展决策的。

专家二：我感觉做气候变化服务决策的机构存在一些比较集中的问题。有一个问题是官方智库的研究成果很多是涉密的，上报之前不是涉密的，上报了可能就成了涉密的。这也是你们在评价智库的时候，像你们这个问卷上提到的上报了多少材料，这个是很难统计

到的。还有一个问题就是，有的智库很容易拿到批示，有的智库就很难拿到批示，所以这些情况可能都是你们评价的时候需要考虑的。

我了解的可能是服务于中央政府的、北京的部分。你如果要做中国的气候变化智库研究，边界在哪里，是服务于国家的，还是包括地方的，如果只是服务于国家的，那表里列的这个太多了。还有一个，每个机构下面有很多分支，你是每个分支算一个智库，还是整个算一个智库。可以适当选一下，看看按什么标准怎样去划分。

关于研究领域，气候变化和气候治理这块我们一直在做；也有一些其他方向，包括气候变化适应的经济学分析；还做一些地方上的低碳城市发展规划，把气候变化和环境问题结合起来研究。

专家三：首先，我们的定位第一是服务党中央、国务院、中央军委以及各部委的需求，同时兼顾地方和各大企业。近年来，我们的考核指标也在发生变化，不是按研究所的指标考核，而是以智库的指标来进行考核。其次，我们的研究领域主要有五个：科技发展战略研究、科技和创新政策研究、生态文明和可持续发展研究、定量预测与预见分析、科技战略情报和数据平台。我认为与气候变化相关的有三个：可持续发展、能源和气候变化、生态文明。我们定位是基于自然科学的智库，主要是搭模型比较多一点。我主要研究能源和气候变化这个方向，在这块主要是支持谈判、决策，包括进行基础科学问题研究。

近十年，我们花了很大精力集中在国内战略层面，做政策的量化分析，看现在的一些政策和战略是否需要在未来进行调整。所以我们在国家层面和东、中、西部的区域层面都做了一些试点，东部某市是我们的试点，西部、中部也有两个试点。基本上这几年的工作就是在国内包括碳交易、战略规划、决策等方面，承担第三方评估。热点的话，“一带一路”、南南合作（即发展中国家间的经济技术合作）比较多。总的来说，一方面为国内服务，一方面为国际服务。

最主要的工作，像每年的全国人大会和政协会，我们是必须出报告的；像今年的气候融资、南南合作，还有其他的一些体制机制这一块，我们也会提供支撑。

专家四：首先，对智库是按照官方、高校、合作、社会来分类的，我觉得还可以按智库更细一步的功能、擅长领域进行分类。个人感觉这块梳理起来意义也挺大的。其次，如果遇到重大国家政策，能够快速精准应对，找到相应的机构。例如：我们之前的工作需要核算一些数据，涉及气候变化方面的，需要联系一个机构或一个人，这样对于中国气候变化智库整体的研究会更有针对性。国内气候变化智库建设做这方面的相关储备比较有利于今后服务于国家应急重大事件。

专家一：我是觉得一方面你们这边资源很充沛，可以把这个资源应用起来，做访谈或是做问卷等形式，把国外智库的情况搞清楚。人家怎么想的，人家的需求到底是什么，因为我们国家讲南南合作（即发展中国家间的经济技术合作），但是别的国家到底需要什么，我们没有一个机构去专门调研，如果你们这边可以做一些储备，会比较好。另一方面，气候变化对社会经济的影响，也就是气候变化风险方面，气候中心那边做了很多，就看你们这边怎么跟他们合作。

主持人：今天下午各位专家在研讨会上都提出了一些新理念，给予我们研究极大的支持。非常感谢各位专家给我们提了非常有益、有针对性的建议。我们后续会将它们纳入我们的研究中，感谢大家！